无公害蔬菜病虫害防治实战丛书

茄子疑难杂症图片对照诊断与处方

第 2 版

诊断与处方

孙 茜　潘 阳　主编

U0243442

中国农业出版社

图书在版编目（CIP）数据

茄子疑难杂症图片对照诊断与处方/孙茜，潘阳主编. —2版. —北京：中国农业出版社，2015.9
（无公害蔬菜病虫害防治实战丛书）
ISBN 978-7-109-20937-4

Ⅰ.①茄…　Ⅱ.①孙…　②潘…　Ⅲ.①茄子-无污染技术-病虫害防治方法　Ⅳ.①S436.411

中国版本图书馆CIP数据核字（2015）第224334号

中国农业出版社出版
（北京市朝阳区麦子店街18号楼）
（邮政编码 100125）
责任编辑　张洪光　阎莎莎

中国农业出版社印刷厂印刷　新华书店北京发行所发行
2016年1月第2版　2016年1月第2版北京第1次印刷

开本：880mm×1230mm　1/32　印张：3.5
字数：85 千字
定价：20.00 元
（凡本版图书出现印刷、装订错误，请向出版社发行部调换）

编 著 者

主　编　孙　茜　潘　阳

副主编　王娟娟　潘文亮

　　　　马广源　张家齐

参　编（以姓氏笔画为序）

　　　　王吉强　白广玮

　　　　孙祥瑞　李　建

　　　　杨　峰　张艳华

　　　　赵春年　郭志刚

第1版编写人员

主　　编　孙　茜

副 主 编　潘文亮　王睿文　张振才　胡铁军
　　　　　赵国芳　夏彦辉　冯松魁

参　　编（以姓氏笔画为序）
　　　　　王国建　王荣湘　王保廷　尹建房
　　　　　史文霞　史均环　刘　欣　刘庆锤
　　　　　孙梦鸿　杨宝英　杨学武　肖红波
　　　　　张付强　张金华　张牧海　侯文月
　　　　　高社朝　席建英　袁章虎　栗梅芳
　　　　　黄　琏　董秀英　谭文学　魏风友
　　　　　戴东权

再版序言

"无公害蔬菜病虫害防治实战丛书"自 2005 年出版以来，得到了河北省乃至全国广大菜农和技术人员的广泛关注和喜爱，为正确诊断蔬菜病虫害、科学准确使用农药和推进蔬菜产业健康快速发展发挥了十分重要的作用。

目前，蔬菜产品的质量安全是社会和消费者关注的热点之一，正确应用高效低毒农药防控蔬菜病虫害，是保证蔬菜产品质量安全的关键环节。多年以来，孙茜研究员长期深入蔬菜生产基地，融入广大菜农中间，共同深入研究探讨，反复多次试验示范，并从生产实践中整理总结出了非常宝贵的新经验、新点子、新方法、大处方、小处方、防治历等多种好技术，应用效果好，实用性非常强，是解决蔬菜生产中病虫害技术问题的"神方妙法"，是解决蔬菜生长异常难题的"灵丹妙药"。

"无公害蔬菜病虫害防治实战丛书"的修订再版，又融入了许多新的内容、新的技术、新的方法和新的农药品种。该书的特点是文字简洁凝练，内涵丰富，图文并茂，白话叙述，一看就懂，简单易学，是菜农和技术人员离不开手的技术工具。该书的再版，必将为蔬菜产品质量安全水平提升、蔬菜产业提质增效发挥更大的技术指导作用。

河北省蔬菜产业发展局调研员
农业部蔬菜专家技术指导组成员　王振庄
中国蔬菜协会副会长
2015年7月

前　言

　　蔬菜在人们的生活中占有非常重要的地位。蔬菜产业也已经是中国农民重要的致富行业。"无公害蔬菜病虫害防治实战丛书"作为无公害蔬菜生产的指导用书，自2005年出版发行后，受到广大菜农和一线技术人员的好评，得到了菜农的广泛认可和实践验证，他们纷纷来电来信通报按照该书防治大处方操作后取得的丰收喜讯。在我身边有遍布全国的菜农粉丝和新技术的示范农户。这套丛书也已经印刷了数次，发行80余万册。并得到了同行专家的肯定，2008年获得了"中华农业科技奖科普图书奖"、2009年获得河北省优秀科普资源二等奖。源源不断的菜农朋友们的喜讯和奖励荣誉，让我作为一个科技推广人员多了一份忐忑，更感到自身的责任和义务。

　　随着设施蔬菜种植面积的迅速扩大和经济效益的逐年增长，以及无公害或绿色蔬菜生产的需要，蔬菜生产一线各种问题也在增多，设施蔬菜的连茬、重茬种植以及农药和化肥施用的不规范，仍然是蔬菜生产中的突出问题。种植模式多种多样致使病害种类繁多、发生情况更加复杂。当前，蔬菜安全生产和绿色农业战略是我国农业和蔬菜产业发展的总趋势。在责任编

无公害蔬菜病虫害防治实战丛书

辑的邀约下，我把近期承担的绿色蔬菜生产技术集成项目与菜农共同示范完成的"绿色蔬菜病虫害保健性防控新技术"编入修订书稿中，把近期生产实践中获得的新经验、新点子、新方法、小处方收集整理编入修订书稿中，把农药新品种、改良土壤连茬障碍和盐渍化新配方、近期发生的新病害救治技术等内容编入修订书稿中，同时保持第1版技术简便，易学、好操作的风格。这套丛书仍然是以绿色农业和生产无公害蔬菜为宗旨，以保障菜农丰产丰收为目标，从目前职业菜农种植实战需求出发，对不易诊断的病害问题，对非典型和疑似病害进行辨别、分析，提出解决问题的办法，给出救治方案。

在丛书修订再版之际，衷心感谢河北科技菜农俱乐部的科技菜农团队给予的病虫害绿色防控技术方案的示范验证，感谢他们的生产一线工作经验和体会的分享。感谢在试验示范中提供蔬菜种子、农药的企业单位。有了这些丰富的田间一线的工作经验和体会，才有了更贴近生产一线的符合当前蔬菜安全生产和农药减量控害要求的实际操作技术。企盼这套丛书成为菜农朋友、蔬菜园区技术人员实用的致富工具。

孙 茜

2015年7月

目　录

无公害蔬菜病虫害防治实战丛书

写在前面的话

随着设施蔬菜种植面积的快速发展和种植模式的增加，设施蔬菜的连作、重茬和农药、化肥使用的不规范，使得菜农致富愿望与现实相悖。蔬菜产业原本种植种类和种植模式繁多、茬口叠加交叉使生产中的病害种类繁多、情况复杂。蔬菜价格高时，农民对蔬菜大水大肥伺候，病虫害发生时舍得所有好药、贵药一起上，与当今消费者对绿色、安全、优质、低农残的要求相去甚远。往往是品种改变了、设施设备先进了、施肥水平上去了，但是病虫害防治水平仍然停留在原处。预防舍不得用好药，发病后却拼命用好药、重复用药、大量混合用药。生产中的主要问题如下：

1. 老菜农凭经验，任意加大用药量和盲目混用药剂，随意缩短安全间隔期，使得蔬菜生长在"治病也致命（残）、致畸"的环境里，如图1。长期落后的栽培措施和病虫害防治手

图1　任意加大药量和生长调节剂、叶面肥在短时间内重复混用后导致茄子畸形

段与优良品种的种植要求不相适应。防治用药现状乱、混、杂现象仍很严重。

2. 多元有效成分桶混防病时，忽略了对蔬菜生长的安全性，造成药害、肥害，对蔬菜瓜果的生产危害性极大。也给不法农资经销商经营假药、次药以可乘之机。他们为图一己之利欺骗（忽悠）新菜农，开出4～5种药剂混用的大药方以极不科学的混配手段防病，诱使新菜农多用药、混用药，造成植株落花落果，茄子叶片枯干等药害，如图2。

图2　多种农药混用，喷施后茄子叶片枯干

3. 落后的病虫害防治理念与无公害设施蔬菜施药技术不相适应，施药时忽略了天气环境、生长期等因素。比如在昼短夜长、弱光环境下不考虑植株生长现状、恶劣条件和药剂吸收渗透的规律，施药剂量仍然不减，一个浓度用到底，甚至加入增效剂致使叶片渗透作用加快，引发叶片功能性衰竭枯死斑，如图3。

4. 打药万能论：缺素症和肥害与病害混淆，不论什么原因，有病或有异常就喷药。菜农缺乏病虫害防治的基本知识，保秧护果意识强，唯恐蔬菜得病。一旦发病则拼命喷药，有时仅仅发生一种病害，也要加几种治疗其他病害的药剂一起喷，

图3　深冬茄子施用乳油类杀虫剂加增效剂引起的叶片枯死斑

使得蔬菜植株像披上一层厚厚的药衣，如图4，但经常有药剂附着在叶片表面，无疑会影响光合作用和植株的转化营养功能，重者会造成叶片褪绿或硬化脆裂，如图5。

图4　身披一层厚重药粉的茄子幼苗

图5　药渍斑斑的茄子叶片

随着反季节多种种植模式栽培茄子大面积的增加，使得各种病害随着季节差异、气候差异和用药混乱而产生不典型症状，以致难以辨认。我们在为菜农做病害咨询、指导培训中，直接面对上述问题，经历了从单一病害的识别诊断、农业措施防治及农药补救的较专业化的辅导，到将复杂的病、虫、草、药、寒、盐、冻、涝害等植株症状相区别，并将植保技术简单化、系列化、方案化（处方化）的指导历程。近几年，我们又将茄子救治方案（大处方）提升到保健性防控整体技术方案取得了成功，并接受了国家果类农副产品质量监督检验中心的检测，符合农业行业标准NY/T 655—2012。总结收集整理科技示范户在生产中的成功经验（图6，图7）和归纳相关知识后，我们改编了这本小册子，愿该书的出版能为茄农提供更大的帮助。

图7　无公害蔬菜病虫害防治大处方指导下的茄子采收景象

图6　实施保健性防控方案的茄子生长景象

一、茄子生长异常的诊断

（一）田间诊断应考虑的因素及求证步骤

蔬菜病害田间诊断是农业综合技能的体现。科研与推广人员的诊断区别在于前者可以取样返回实验室培养、分离镜检后再下结论。它的准确率高，出具的防治方案针对性强，但时间缓慢，与生产要求的"急诊"不相适应。田间的诊断则不一样，必须在第一时间内初步判断症状的因由，并给出初步的救治方案，然后再根据实验室分析鉴定修正防治方案。因此，判断是否病、虫、药、肥、寒、热害等应注意如下程序步骤和因素。

1. 观察：看一个棚室或一块田地可能看到一种症状，看到一种现象。观察几个乃至十几个棚室则能发现一种规律。所看到的症状有自然的也有人为造成的。观察应从局部叶片到整株，应观察病症植株所处位置，或设施棚室所处的位置以及栽培模式、相邻作物种类、栽培习惯等。

2. 了解：向种植户了解：①土壤环境状态包括土壤营养成分、施肥情况、盐渍化程度，如图8为肥害植株；②菜农的栽培史、是否连茬连作、连茬年数、上茬种植作物种类等；③农药使用情况，包括除草剂使用情况、使用农药的剂量、农药存放地点等；④种植的品种，以及品种特征特性，比如耐寒、耐热、对药剂和环境的敏感性，看其是否适合当地的季节（气候）特点及土壤特点。随着新特蔬菜品种的引进、推

图8　施用未腐熟肥产生有害气体熏害植株

图9　越冬弱光低温环境下正常生长的长茄

广和新蔬菜品种的种植，各品种的抗高温性、耐热性及耐寒性、耐弱光性等不尽相同。一个品种的特征特性决定了所要求的环境条件、栽培方法、密度等，如北方越冬栽培的茄子，对耐弱光、耐低温特性非常敏感，如图9为越冬茄子正常生长状。

3. 收集：由于有些菜农在预防病害时把三四种农药混于1桶水*中喷施，或将杀菌剂、杀虫剂、植物生长调节剂混用，或又有假、劣药充斥其中，三五天喷一次，蔬菜生存受到威胁、生长受到限制，产生异常症状。因此，诊断时一定收集、排查农民使用过的农药的药袋子（图10），以帮助我们辨真假，看成分，查根源。

4. 求证：由于追求高产，人们往往是有机肥不足化肥补。生产中常将未腐熟的鸡粪、牲畜粪直接施到田间，造成有害气体熏蒸危害，如图11。施用冲施肥不是均匀撒在垄中而是

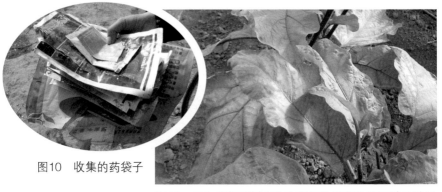

图10　收集的药袋子

图11　施未腐熟肥料产生有害气体熏蒸致茄子叶片枯干

----

*　1桶水为1喷雾器水＝15升水。

在入水口随水冲进畦里，造成烧根黄化以及土壤盐渍化。因此，诊断蔬菜生长异常时，需求证土壤基肥、追肥、冲施肥的使用情况，单位面积用量及氮、磷、钾、微肥的有效含量、生产厂商及施肥习惯等。

5.咨询：经过上述观察、了解、收集、求证后，还要咨询所在区域季节气候，包括温度、湿度、自然灾害的气象记录，这对诊断很有必要。突发性的病症与气候有直接的关系，如：下雪、大雾、连阴天、多雨、突降霜冻及水淹等。在诊断时应该充分考虑到近期的天气变化和自然灾害（图12）因素。

图12　突降大雪压塌的棚室

6. 排查：在诊断蔬菜生长异常时，人为破坏也是应考虑的因素。现实生活中经常会因经济利益或家族矛盾而发生人为破坏的现象，有的喷施激素（植物生长调节剂）甚至除草剂损坏他人的蔬菜生产。因此，应调查村情民意。排除人为破坏也应为诊断的必要步骤。

7. 验证：在初步确定为侵染性病害后，应采取病害标本带回实验室或请有条件的单位进行分离、鉴定，确定病原种类，进一步验证田间作出的判断。

（二）田间诊断应涉及的范围

在生产中，蔬菜发生一种异常现象不同专业背景的人员会有不同的判断或救治方法。有时受学科限制会对异常现象给予单一的解释，实际上一种异常现象可能是多种因素综合作用的结果。在自然环境中，栽培方式、种植管理、防治病虫害用药手段、天气、肥料施用等各种因素综合作用的复杂条件下，诊断蔬菜生长异常涉及如下范围，可以逐步排除：

首先应判断是病害，还是虫害？或是生理性病害？

（1）由病原生物侵染引起的植物不正常生长和发育所表现的病态，常有发病中心，由点到面……………………… 病害

①蔬菜遭到病菌侵染，植株感病部位生有霉状物、菌丝体并产生病斑……………………………………… 真菌病害

②蔬菜感病后组织解体腐烂、溢出菌脓并伴有臭味 ………………………………………………………… 细菌病害

③蔬菜感病后引起畸形、丛簇、矮化、花叶皱缩等症并有传染扩散现象………………………………… 病毒病害

④植株生长衰弱，显示营养不良。叶片、茎秆没有病原物。拔出根系，根部长有根瘤状物…………………… 线虫

（2）有害昆虫如蚜虫、棉铃虫等刺吸、啃食、咀嚼蔬菜引起的植株异常生长和伤害现象，无病原物，有虫体可见…………………………………………………………… 虫害

（3）受不良生长环境限制如天气以及种植习惯、管理不当等因素影响蔬菜局部或整株或成片发生的异常现象，无虫体、病原物可见…………………………… 生理性病害

①因过量施用农药或误施、飘移、残留等因素造成的蔬菜生长异常、枯死、畸形现象………………………… 药害

a. 因施用含有对蔬菜花、果实有刺激作用成分的杀菌剂造成的落花落果以及过量药剂所导致植株及叶片畸形现象……………………………………………………… 杀菌剂药害

b. 因过量和多种杀虫药剂混配喷施蔬菜所产生的烧叶、白斑等现象………………………………………… 杀虫剂药害

c. 超量或错误使用除草剂造成土壤残留，下茬受害黄化、抑制生长等现象，以及喷施除草剂飘移造成的近邻植株生长畸形现象………………………………………… 除草剂药害

d. 因气温高，或用药浓度过高、过量或喷施不适当造成植株畸形、果实畸形、裂果、僵化叶等现象………………………………………………… 植物生长调节剂药害

②因偏施化肥，造成土壤盐渍化，或缺素，造成的植株烧灼、枯萎、黄叶、化瓜等现象……………………………… 肥害

a.施肥不足，脱肥，或过量施入单一肥料造成某些元素被固定，植株长势弱或褪绿、黄化、果实着色不良或畸形等现象……………………………………………………… 缺素症

b.过量施入某种化肥或微肥，或环境污染造成的某种元素过多，植株营养生长过盛、叶色过深或颜色异常、果实生长异常，或植株生长停滞等现象………………… 元素中毒症

③因天气的变化、突发性气候变化造成的危害 ……………………………………………………………… 天气灾害

a.冬季持续低温对蔬菜生长造成生长障碍，茄株叶片低垂外翻，或叶片皱缩…………………………………… 寒害

b.突然降温、霜冻造成茄株紫茎，果实蜡样透明及叶片紫褐色枯死……………………………………………… 冻害

c.因持续高温致使茄株蒸腾过量，营养运输受阻，生长衰弱，叶片黄化，疱状外翻………………………………… 热害

d.阴雨放晴后的超高温强光造成枝叶脆裂和白化灼伤…………………………………………………………… 灼伤

e.暴雨、水灾后植株长时间泡淹造成黄化和萎蔫… 淹害

二、茄子病害典型与非典型、疑似症状的诊断与救治

许多菜农告诉我们，他们在种植中发生的病害症状并不是很典型，待症状典型看清楚了，救治已经非常被动了，损失在所难免。他们往往在发病初期的病症甄别上举棋不定，用药时就会许多药掺和在一起喷，以求多效广防保住苗秧，但常常是事与愿违，花钱多效果差。如果掌握了识别症状的技巧，就会变被动防治为针对性治疗。既争取了时间，又节省了成本。下面介绍茄子主要病害的典型、非典型及疑似症状的诊断与救治方法。

猝 倒 病

【典型症状】 猝倒病是茄子苗期的重要病害。多发生在育苗床（盘）上，常见症状有烂种、死苗、猝倒三种。烂种是播种后在未萌发或刚发芽时就遭受病菌侵染，造成腐烂死亡；幼苗感病后在茎基部呈水渍状软腐倒伏，即猝倒，如图13。幼苗初感病时湿度大秧苗根部呈暗绿色，感病部位逐渐缢缩，病

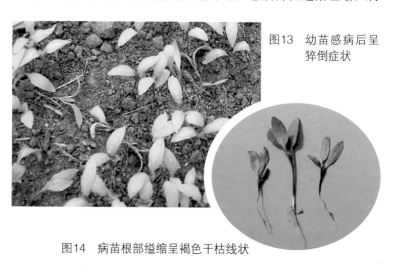

图13 幼苗感病后呈猝倒症状

图14 病苗根部缢缩呈褐色干枯线状

苗折倒坏死。染病后期茎基部变成黄褐色干枯成线状，如图14。在病苗或床面上密生白色棉絮状菌丝，如图15。

【疑似症状】 苗床秧苗生长缓慢，子叶褪绿逐渐萎蔫，苗子很容易拔出，根部黄褐色溃烂如图16。这是苗期易发生的沤根病。与猝倒病秧苗的区别是溃烂发生于根部。而猝倒病则是在出土部位水渍状折"腰"而倒，根部呈线状不变色。沤根多与育苗时低温高湿弱光环境条件有关，猝倒病与基质或营养土带菌有关。

图15 感病幼苗生出白色絮状菌丝

茄秧茎秆凹陷褐变，根系正常，也是接触土壤的部位病变，如图17，疑似猝倒病。但是病变部位不是水渍状软化折倒，而是茎秆表皮腐烂，一般应该是茎基腐病。

图16 疑似猝倒病的低温沤根

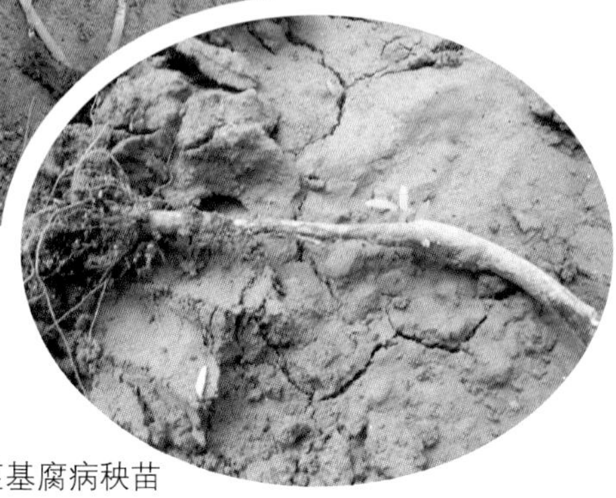

图17 疑似猝倒病的茄子茎基腐病秧苗

二、茄子病害典型与非典型、疑似症状的诊断与救治

无公害蔬菜病虫害防治实战丛书

【发病原因】 病菌主要以卵孢子在土壤表层越冬。条件适宜时产生孢子囊释放出游动孢子侵染幼苗。通过雨水、浇水和病土传播，带菌肥料也可传病。低温高湿条件下容易发病，土温 10～13℃，气温 15～16℃病害易流行发生。播种或移栽或苗期浇大水，又遇连阴天的低温环境发病重。

【救治方法】

生物防治：

（1）选用抗病品种。所有病害防治方法最省事、省心、省时的方法就是选择抗病品种。同时，这也是生产绿色蔬菜的基础。生产中常用品种茄杂2号、黑茄王、农大601、农大604、辽茄4号等均较抗猝倒病。

（2）采用无土育苗法。最好使用一次性灭菌基质育苗，如草炭土、营养块等。

（3）加强苗床管理，保持苗床干燥，北方温室育苗建议采用无滴膜，出苗后棚室湿度保持在相对湿度80%以下，适时放风。避免低温高湿条件的出现，不要在阴雨天浇水，浇水应选择在晴天的上午。

（4）苗期保健性防病喷施生物农药，如30亿活芽孢/克枯草芽孢杆菌可湿性粉剂300倍液淋灌秧苗或穴盘苗。

（5）清园，切断越冬病残组织，用异地大田土和腐熟的有机肥配制育苗营养土，最好用甲醛闷स灭菌。严格控制化肥用量，避免烧苗。合理分苗、密植、控制湿度、适时适量浇水是关键。苗床土应注意消毒及药剂处理。

药剂防治：

（1）土壤消毒。土壤消毒的药剂配方：取大田土与腐熟的有机肥按6：4混均，并按每立方米苗床土加入100克68%精甲霜灵·锰锌水分散粒剂和2.5%咯菌腈100毫升，或采用6.25%咯菌腈·精甲霜灵悬浮剂100毫升拌土并一起过筛混匀。用这样的土装入营养钵或做苗床土表土铺在育苗畦表面，或在播种覆土后用68%精甲霜灵·锰锌水分散粒剂600倍液封闭覆盖播种后的土壤表面杀菌。

（2）种子包衣。种子药剂包衣可选 6.25% 咯菌腈·精甲霜灵悬浮剂 10 毫升，或 2.5% 咯菌腈悬浮剂 10 毫升 +35% 精甲霜灵可湿性粉剂 2 毫升，对水 150 ~ 200 毫升包衣 3 千克种子，可有效地预防苗期猝倒病和其他如立枯病、炭疽病等苗期病害。注意包衣加水的量以完全充分包上种子为目的，适宜为好，充分晾干后再播种。

（3）药剂淋灌。救治可选择 68% 精甲霜灵·锰锌水分散粒剂 500 ~ 600 倍液（折合 100 克药对 3 ~ 4 喷雾器水），或 40% 精甲霜灵·百菌清悬浮剂 500 倍液、72% 霜脲·锰锌可湿性粉剂 600 倍液、72.2% 霜霉威水剂 1 000 倍液等对秧苗进行淋灌或喷淋（就像人洗淋浴澡那样淋施秧苗）。

茎基腐病

【典型症状】 茎基腐病是茄子定植后经常发生的病害。菜农常称为"烂脚脖病"，如图18。主要发生在接近地面茎秆部位，初为褐变，逐渐病斑凹陷黑褐色，如图19，重发

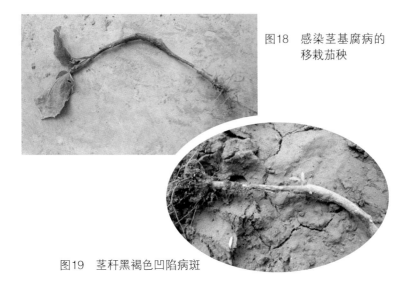

图18　感染茎基腐病的移栽茄秧

图19　茎秆黑褐色凹陷病斑

生时病斑绕茎，扩散至皮层呈黑色腐烂，植株逐渐萎蔫枯死，如图20。

【疑似症状】 茄子植株从根部到茎秆均发生黑褐色病变，有环茎腐烂，但是没有达到茎秆接触地面部位，如图

图20 萎蔫枯死的茎基腐病茄秧

21，虽疑似茎基腐病，但是对照茎基腐病症状，茎秆感病，根部没有病症的特点，此症应该是根腐病。

茄子植株根系正常，茎秆接近土壤部位凹陷，且茎秆表皮出现块状缺刻，疑似茎基腐病。但是剖开茎秆查其疏导组织无变色，剖开凹陷表皮部位木质部白色，如图22，无病变和扩展，应与地下害虫啃食有关。

图21 疑似茎基腐病的茄子根腐病　图22 疑似茎基腐病的地下害虫啃食状

【发病原因】 此病属于腐生疫霉菌侵染所致。卵孢子随病残体越冬。高温高湿、多雨的气候条件和低洼黏重的土壤条件下发病重。通过浇水、雨水传播蔓延，进行再侵染。平畦定植，浇大水，加上使用未腐熟的有机肥，定植时浇冷水，夏季气温较高，秧苗长时间在炎热高温污水环境下浸泡将造成茎基

腐病大发生。严重的损失3～4成的秧苗，造成缺苗断垄，毁种现象发生普遍。

【救治方法】

生态防治：

（1）高垄栽培。定植时先洇地后在湿润土壤条件下采用栽苗覆上给小水的方法，这样有利于茄株的扎根缓苗。高温季节采用高垄栽培，可以避免浇井水造成秧苗茎秆基部受冷水温度的剧烈刺激，也避免受冷水浸泡的干扰而染病。

（2）把好浇水关。定植早晨早浇水。露地和麦茬种植的茄子，一般定植时间在5月下旬或7月中、下旬。此时正值北方的高温盛夏季节，棚室温度可高达60℃左右，低温时也在50℃左右，抽上来的井水温度一般在15℃左右，中午浇水会对刚定植在高于40℃土壤环境里的茄苗直接产生冷刺激，给本已因移栽而长势微弱的幼苗加上冷刺激。病菌就会乘虚而入。因此越夏栽培的浇水应尽量提早在清晨以减少温差。早春栽培的应尽可能晒水提温后浇灌。

（3）基肥深施入土。将腐熟好的有机肥与秸秆等一起深施入土、耙好，不要让有机肥，尤其是没有腐熟好的圈肥暴露在土壤表层，否则会因高温产生有害气体对秧苗造成危害和污染。

（4）清除病残体、及时排水。

药剂防治：

（1）土壤消毒。土壤消毒药剂配方参考猝倒病救治方法。

（2）移栽前淋灌或浸盘。除在育苗时配好消毒苗床土预防茎基腐病及苗期病害外，在移栽田间前还应对定植苗进行预防用药。对苗盘、育苗的茄子可以用68%精甲霜灵·锰锌水分散粒剂600倍液进行浸盘浸根防治，即将配好的药液放置在一个大盆或广口的方形容器里，将苗盘放置盆中浸泡。一般浸药时间为4～5秒。生产中菜农把握浸药时间的方法是：将苗盘浸进药液中，心数"一个苹果，两个苹果，三个苹果"，这个默读时间长度正好为适宜安全浸药时间。药液应浸透，即充分吸取药液后即可移栽。

（3）定植前处理土壤表面。配制68%精甲霜灵·锰锌水分散粒剂500倍液，或72%霜脲·锰锌可湿性粉剂800倍液、25%双炔酰菌胺悬浮剂1 000倍液、72.2%霜霉威水剂600倍液、66.8%霉多克可湿性粉剂800倍液等喷雾或淋灌。对定植穴坑进行封闭性土壤表面喷施，而后进行秧苗定植，这种方法是当前菜农科技示范户生产操作中最有效的防控黑根黑脚脖病（茎基腐病）的经验。

（4）发病后的救治。保苗救秧可选用68%精甲霜灵·锰锌水分散粒剂600倍液，或68.75%氟吡菌胺·霜霉威悬浮剂800倍液+25%嘧菌酯悬浮剂3 000倍液喷淋。

灰 霉 病

【典型症状】 灰霉病是棚室茄子越冬栽培和早春栽培、南方秋冬冷凉地区较为严重的病害，一旦幼茄感病损失极大，又较难防治。灰霉病主要为害幼果和叶片，发生严重时也有侵染茎秆的。染病叶片呈典型V形病斑，如图23。叶片染病中后期轮纹状叶斑上密生霉菌，如图24。灰霉病菌从雌花的花瓣侵入，使花瓣腐烂（图25），从茄蒂顶端或从残留在茄果面

 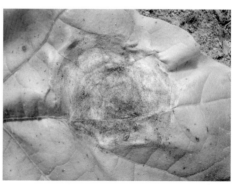

图23　感染灰霉病的茄子V形病斑叶片　　图24　中后期感病叶密生灰霉菌丝

上的花瓣腐烂开始发病，茄蒂感病向内扩展凹陷，致使感病茄果呈灰褐色（图26），软腐，长出大量灰绿色霉层，如图27。重度感染灰霉病时茄株茎秆分叉处长有灰白色霉菌，如图28。

图25 病菌侵入花瓣使之腐烂，花萼初感染病的幼茄

图26 感病茄果呈灰褐色软腐

图27 长出大量灰绿色霉菌层的茄子

图28 茎秆分枝染病处生灰白色霉菌

【非典型症状】 叶片中部染病。病斑圆形，浅褐色，有轮纹，表面长有菌丝状物，虽然与灰霉病V形病斑的颜色、霉状物、轮纹相同（图29），但是病斑位置在叶片中部而不敢确定。这是灰霉病重度发生时病菌随水滴落在叶片中部侵染扩展

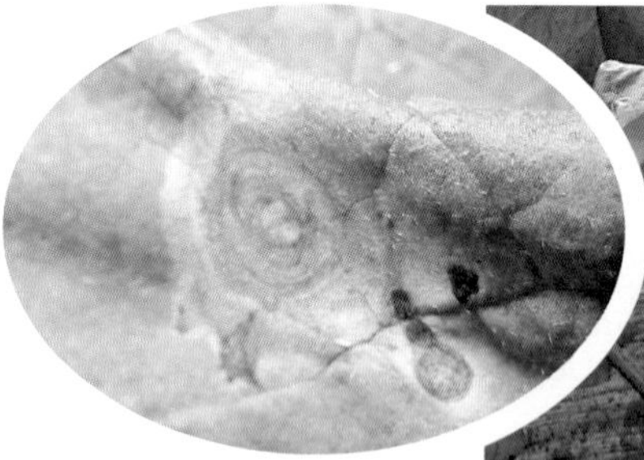

图29　长在叶片中部的非典型浅褐色轮纹状灰霉病斑

图30　带菌滴水感染叶片呈非典型灰霉病病斑

后呈现的非典型浅褐色轮纹状病斑，如图30。

【疑似症状】　感病果实大面积腐烂，表面生有白色霉层，如图31，症状虽然都是果实腐烂与灰霉病相似，但观察发病霉层可加以区别，灰霉病菌的霉层是灰绿色，而此症霉层浓密且为雪白色；发病部位有区别，灰霉病是从花萼开始侵染，逐渐感染果柄，而此症是从果实腰部和果基部开始向果柄、果面大面积分层褐色腐烂；再仔细观察叶片症状，叶片呈大面积脱水性枯萎，基本可以确认此症为菌核病所致病果。

病斑不规则圆形浅褐色有些透明，疑似灰霉病斑。但是病斑没有清晰的轮纹和霉状物，后期穿孔性破裂，这应该是茄

图31　疑似灰霉病的菌核病茄果

图32　疑似灰霉病的疫病穿孔病斑

子疫病所致病叶。从发病季节上看，灰霉病多发生在低温高湿的深冬和早春的花期、幼果期，菌核病和疫病则多发生在高温骤降的高湿或多雨的盛果期，以此可以作出初步甄别。

【发病原因】 灰霉病菌以菌核或菌丝体、分生孢子在病残体上越冬。病原菌属于弱寄生菌，从伤口、衰老的器官和花器侵入。柱头是容易感病的部位，致使果实感病软腐。花期是灰霉病侵染高峰期。病菌借气流和农事操作传播进行再侵染。适宜发病气温为18～23℃，湿度90%以上、低温、弱光有利于发病。大水漫灌又遇连阴天是诱发灰霉病的最主要因素。种植密度过大，放风不及时，施氮肥过量造成碱性土壤缺钙，植株生长衰弱均有利于灰霉病的发生和扩散。

【救治方法】

生态防治：

（1）控湿。控制棚室湿度对防控茄子灰霉病有着非常重要的作用。可从以下4方面入手控制田间湿度：①设施棚室和

图33　棚室高垄栽培模式

图34　露地高垄栽培模式

露地均应高畦覆地膜栽培，如图33、图34。地膜暗灌渗浇小水，有条件的可以考虑采用节水滴灌控湿，如图35，冬季栽培滴灌上面覆盖地膜（图36）阻断湿气非常重要。②使用透光性好的棚膜如明净华棚膜（示范效果得到肯定）可收到无滴、透光、保温的效果。③应严格控制灌水，有条件的采用滴灌，加强通风透光，尤其是阴天除要注意保温外，一般不浇灌。④早春将上午放风改为清晨短时放湿气（一般3～5分钟），并尽可能早的放风，尽快进行空气置换，使棚室尽快降

图35　棚室栽培茄子滴灌模式

图36　冬季栽培茄子滴灌覆膜模式

湿提温有利于茄子生长。

　　（2）及时清理病残体，摘除病果、病叶和侧枝，集中烧毁和深埋。注意摘除病茄时首先要对整体植株喷施预防灰霉病的药剂，全面杀菌后再摘除病茄。手戴食品袋将病茄一一摘除或剪掉放在一个密闭的袋子里，严禁随手从风口扔出病茄。否

则病茄上的霉菌会随风散落在植株上，污染植株和健康果实。要专一做这一件事情，不要触摸任何健康的果实和植株。摘除完毕，将病果袋子一并带出棚室深埋，切忌随意丢弃，那样病菌也会随风传播而使棚里病害加重。

（3）合理密植，科学施肥。茄子是喜光作物，过密影响茄子着色，适当稀植尤其是冬季栽培的茄子，充分见光会使果实黑亮，提升卖相。氮、磷、钾肥均衡施用，不过量使用氮肥也是促进茄株健康生长控制病害的重要环节。

图37 熊蜂授粉

（4）棚室茄子可以采用熊蜂授粉，如图37，避免药剂蘸花产生药害畸形果。

【药剂救治】

（1）采用茄子一生保健性病害防控方案（即大处方）进行整体预防，见本书第七部分。

（2）花期防治。因茄子灰霉病是花期侵染，茄子蘸花时一定带药蘸花。将配好的1.5千克蘸花药液中加入3克50%嘧菌环胺水分散粒剂或3克50%咯菌腈可湿性粉剂、3克40%嘧霉胺悬浮剂进行蘸花或涂抹，使花器均匀着药。生产中，菜农也有用1 500毫升蘸花药液配10毫升2.5%咯菌腈悬浮剂用于蘸花预防灰霉病的经验。也可单一用果霉宁、丰产素2号等1克（1袋药）对1.5千克水充分搅拌后直接喷花或浸花。

（3）果期防治。果实膨大期要重点进行灰霉病菌杀灭喷雾。药剂可选用50%嘧菌环胺水分散粒剂1 200倍液，或50%咯菌腈可湿性粉剂1 500倍液，或选用60%咯菌腈·嘧菌环胺水分散粒剂1 200倍液、40%嘧霉胺悬浮剂1 200倍液、50%啶酰菌胺可湿性粉剂1 000倍液、50%乙霉威·多菌灵可湿性粉剂800倍液喷雾。

无公害蔬菜病虫害防治实战丛书

绵疫病

【**典型症状**】 茄子绵疫病又称疫病。主要为害果实，侵染叶、茎、花器和果实，设施栽培幼苗易发病。绵疫病山东菜农又叫"掉蛋"、"烂茄子"。是为害茄子的三大病害之一。发病高峰在茄子即将成熟期，近地面果实先发病造成烂茄，严重影响产量和收益，损失率可达20%～60%。茄苗染病茎秆节间处有水渍状病变，如图38，叶片呈水渍状略凹陷大块褐色病斑，如图39，重度感病后逐渐萎蔫，直至上部枝叶枯死，如图40。成株茄子疫病典型性叶片症状是形成暗绿色或黄褐色水渍状不规则大病斑，如图41；受害果初现水渍状圆斑，逐渐病斑扩大有凹陷，如图42，以后很快扩大成片，直至整个果实受害，病部黄褐色如图43、图44，果肉变黑褐色腐烂，湿度大时受害果易脱落，果面长出茂密的白色棉絮状菌丝，腐烂，有臭味，如图45。茎部受害初呈水渍状缢缩，后来变暗绿色或紫褐色，病部缢缩，上部枝叶萎垂，潮湿时病部生有稀疏的白霉，如图46。叶片受害扩展很快，湿度大时病斑边缘不清大面积萎垂褐变生有稀疏白霉，如图47，后期病斑有较明显的轮纹，干燥环境下病斑碎裂呈穿孔状。

图38 茄秧苗染病茎秆节间处有水渍状病变

图39 秧苗染病叶片上生水渍状略凹陷褐色病斑

图40　秧苗重度感病后萎蔫直至枝叶枯死

图41　成株染病叶片上生黄褐色水渍状不规则大病斑

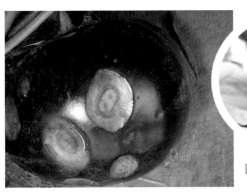

图42　初染病果实水渍状圆斑扩展凹陷状

图43　重度染病果实病部黄褐色，长出稀疏菌丝（圆茄）

图44　重度染病果实病部黄褐色，长出稀疏菌丝（长茄）

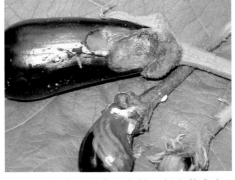

图45　湿度大时病果腐烂，长出茂密白色絮状物

23

无公害蔬菜病虫害防治实战丛书

图46　潮湿时植株茎秆上生稀　　图47　湿度大时感病叶片大面积萎
　　　　疏菌丝　　　　　　　　　　　　　垂褐变

【非典型症状】　受害果呈水渍状圆形大块病斑，病斑中心水烂，凹陷不明显，如图48，但是随后病斑扩大、中心点出现微凹陷和白色轮纹，这与高湿或多雨时节的环境条件下发病有关，后期果柄长出菌丝，基本还是绵疫病症状。

【疑似症状】　叶片病斑浅褐色，圆形，有轮纹，与疫病病斑相似，如图49，但是病斑处长出灰黑色霉与疫病病斑菌丝颜色有区别，应判断为灰霉病。绵疫病病斑与灰霉病病斑区

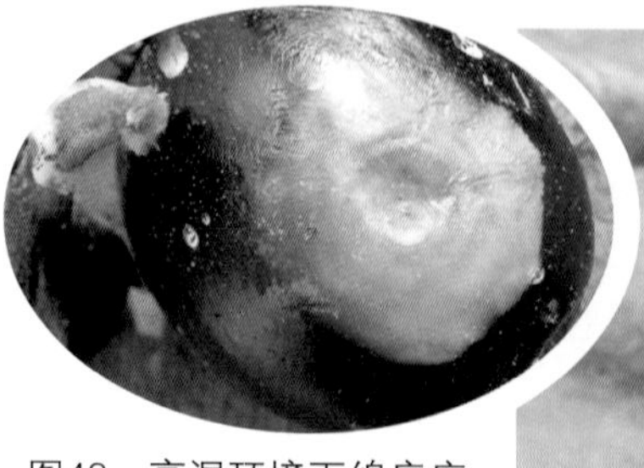

图48　高湿环境下绵疫病
　　　　非典型病果

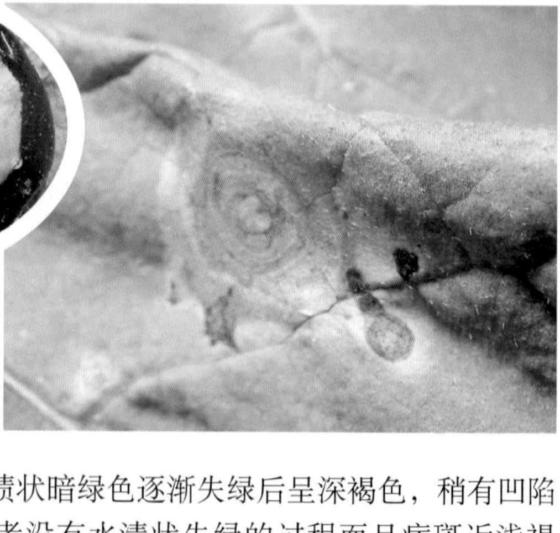

图49　疑似绵疫病的灰霉
　　　　病叶片

别在于前者先是水渍状暗绿色逐渐失绿后呈深褐色，稍有凹陷且薄，易穿孔，后者没有水渍状失绿的过程而且病斑近浅褐色。前者轮纹较细，后者轮纹较粗。前者是稀疏白色絮状菌丝

构成，后者霉状物灰黑色，粉末状。发病轻时两者容易混淆，发病重时容易区别。

在实际生产中经常遇到病茄果疑似绵疫病又像褐纹病，如图50。病果上病斑圆形凹陷疑似疫病，但是可以看到清晰斑缘和凹痕，尽管没有褐纹病典型病斑清晰可见的多层轮纹，也因雨水多或大水漫灌造成湿度大而使病害症状不很典型，呈现圆形大病斑，仔细观察可以看到病斑稍有凹陷和浅色轮纹，及颗粒状病菌孢子，应该断定是褐纹病。

图50　疑似疫病的褐纹病茄果

【发病原因】　茄子绵疫病病菌以菌丝体、卵孢子及厚垣孢子随病残体在土壤或粪肥中越冬。借助风、雨、灌溉水、气流传播蔓延。发病适宜温度为28～30℃，棚室湿度大、大水漫灌以及漏雨棚室和施用未腐熟的厩肥发病严重。

【救治方法】

生态防治：

（1）选用抗病性较强的茄子品种，一般是圆茄品种比长茄品种抗病性强，紫茄品种比绿茄品种抗病性强，如茄杂2号、农大601、农大604、茄杂8号、黑茄王、超九叶茄、成都墨茄等。

（2）实行3～5年轮作。选择高低适中、排水方便的肥沃地块，秋冬深翻，施足优质腐熟的有机肥，增施磷、钾肥。

（3）采用高畦栽培避免积水，或高畦地膜覆盖大小行栽培，有条件的地方建议使用膜下暗灌、滴灌，棚室湿度不宜过大，发现中心病株及时拔出深埋。把握好移栽定植后的棚室温、湿度，注意通风，不能长时间闷棚。

（4）清洁田园，将病果、病叶、病株收集起来深埋或烧掉。

（5）及时整枝，打掉下部老叶，防止大水漫灌，注意通风透光，降低湿度。

（6）夏天暴雨过后，要用井水浇一次，并及时排走，降低地温，防止潮热气体熏蒸果实造成烂果。这就是人们常说的"涝浇园"的道理。

【药剂防治】　采用茄子一生保健性病害防控春季方案（大处方）进行整体预防。也可以选用25％双炔酰菌胺悬浮剂1 000倍液，或75％百菌清可湿性粉剂600倍液、25％嘧菌酯悬浮剂1 500倍液、80％代森锰锌可湿性粉剂500倍液。病害发生期治疗可用68％精甲霜灵·锰锌水分散粒剂600倍液，或25％双炔酰菌胺悬浮剂800倍液+25％嘧菌酯悬浮剂1 500倍液、69％烯酰吗啉可湿性粉剂600倍液、72.2％霜霉威水剂800倍液、72％霜脲·锰锌800倍液、68.75％氟吡菌胺·霜霉威悬浮剂800倍液喷施。苗期感病可用68％精甲霜灵·锰锌500倍液喷淋。

褐　纹　病

【典型症状】　茄子褐纹病主要侵染子叶、茎、叶片和果实，苗期到成株期均可发病。幼苗受害时，茎基部出现近乎缩颈状的水渍状病斑，而后变黑凹陷，致使幼苗折倒。生产中常把苗期此病称为立枯病。叶片受害呈水渍状小圆斑，如图51，扩大后病斑边缘变褐色或黑褐色，病斑中央灰白色，有许多小黑点，呈同心轮纹状，如图52，病斑易破碎穿孔。茎部受害，形成梭形病斑，边缘深紫褐色，最后凹陷干腐，皮层脱落，易折断，有时病斑环绕茎部，使上部枯死。茄子褐纹病以果实上的病斑最易识别，初染病果实呈圆形或椭圆形稍有凹陷的病斑，如图53，病斑不断扩大，排列成轮纹状，可达整个果实，如图54，发病严重的长茄，后期病部逐渐由浅褐变为黑褐色大块病斑。发病后期，病斑下陷，斑缘凸出清晰可见，病斑凹陷和生出麻点状黑色轮纹菌核，如图55。病果后期落地软腐，或留在枝上，呈干腐僵果，如图56。

【非典型症状】　不同的栽培方式和季节茄子感染褐纹病

图52 病斑扩展边缘变黑褐
色，病斑中央灰白
色，呈同心轮纹状

图51 叶片受害呈水渍状小圆斑

图53 初染病果实呈圆形或椭圆形
稍凹陷病斑

图54 病斑扩大，排列成轮纹状

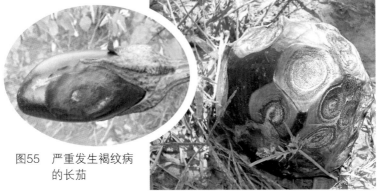

图55 严重发生褐纹病
的长茄

图56 重症褐纹病茄果后期软腐，干腐僵
果上生褐纹状排列的黑点（菌核）

茄子病害典型与非典型、疑似症状的诊断与救治

的症状有所差异，叶片病斑呈浅灰色，斑块中浅褐色。病斑不规则（图57），叶背面没有霉状物可以与叶霉病区别，细心观察还是可以看出病斑中心点灰心和模糊的轮纹，应该是褐纹病症状。这种现象与保护地栽培高湿、温差大的生长环境有关。

图57　非典型茄褐纹病叶片病斑

【疑似症状】　病斑红褐色不规则状。感病叶片病斑边缘清晰疑似褐纹病，但没有轮纹出现，病斑颜色鲜艳（图58），又不同于褐纹病。应该判断为褐斑病。

【发病原因】　茄子褐纹病菌以菌丝体或拟菌核随病残体或种子越冬。借雨水传播。发病适宜温度为24℃，

图58　疑似褐纹病的茄褐斑病叶片

湿度越大发病越重。棚室温度低，叶面结水珠或茄子叶片吐水、结露的生长环境病害发生重，易流行。北方春末夏初棚室栽培或露地秋季栽培的茄子发病重。大水漫灌，湿度大，肥力不足，植株生长衰弱发病严重。一般春季保护地种植后期发病概率高，流行速度快。若管理粗放则病害流行造成损失是不可避免的，应引起高度重视，提早预防。

【救治方法】

选用抗病品种：种植抗病品种是既防病又节约生产成本的首选救治办法。生产上常用的抗病性较强的品种有茄杂系列、农大601、农大604、黑茄王等，及引进品种瑞马、安德列、布里塔、郎高等。

生态防治:

(1) 轮作倒茬。可以与葫芦科、十字花科作物轮作。

(2) 种子消毒。温汤浸种:55℃温水浸种30分钟,自然放凉,备用。药液浸种:采用75%百菌清可湿性粉剂600倍液浸泡30分钟,洗净后催芽。种子包衣:即选用6.25%咯菌腈·精甲霜灵悬浮剂10毫升,对水150~200毫升可包衣4千克种子,灭菌。

(3) 苗床消毒。播种时每平方米苗床用20克10%苯醚甲环唑水分散粒剂混拌10千克床土,或40克50%多菌灵可湿性粉剂拌10千克床土配成药土,下铺上盖播种,有较好的防效。

(4) 培育壮苗,加强田间管理。开沟施肥,增施有机肥及磷、钾肥,促茄子早长、早发,及时锄划、整枝打杈,把茄子的采收盛期提前到病害流行之前,可有效减少病害造成的损失。

(5) 结果期防止大水漫灌,增加田间通风量,加强棚室管理,通风放湿气。避免叶片结露和吐水珠。地膜覆盖或滴灌可降低湿度减少发病概率。晴天进行农事操作,不在阴天整枝绑蔓、采收等,避免人为传播病害。

【药剂防治】

(1) 采用茄子一生保健性病害防控方案(即大处方)进行整体预防,见本书第七部分。

(2) 其他防治方法:除采用茄子一生病害防治大处方进行整体预防外,因病害有潜伏期,发病后则防不胜防,采取25%嘧菌酯悬浮剂1 500倍液早期系统预防也会有非常好的效果。还可选用75%百菌清可湿性粉剂600倍液,或56%百菌清·嘧菌酯悬浮剂800倍液、10%苯醚甲环唑水分散粒剂1 500倍液、32.5%苯醚甲环唑·嘧菌酯悬浮剂1 000倍液、32.5%吡唑萘菌胺·嘧菌酯悬浮剂1 500倍液、42.8%氟吡菌酰胺·肟菌酯悬浮剂1 500倍液、42.4%氟唑菌酰胺·吡唑醚菌酯悬浮剂1 500倍液、80%代森锰锌可湿性粉剂500倍液、50%丙森锌可湿性粉剂600倍液。发病期治疗药剂可用10%苯醚甲环唑水

三、茄子病害典型与非典型、疑似症状的诊断与救治

无公害蔬菜病虫害防治实战丛书

分散粒剂1 500倍液，或32.5%吡唑萘菌胺·嘧菌酯悬浮剂1 000倍液、42.8%氟吡菌酰胺·肟菌酯悬浮剂1 000倍液喷雾。

褐 斑 病

【典型症状】　褐斑病多发生在茄子的秧苗期和生长中后期，主要为害叶片。苗期多在苗子育成之后等待定植时的大龄苗期，苗盘秧苗枝叶密度大通风差时发生。染病叶片上生浅褐色病斑，病斑中心有浅灰褐色斑区，如图59。成株期叶片染病之初为带有水渍状晕圈的褐色小斑点，如图60，病斑扩大后呈浅褐色，斑心有亮点，如图61，逐渐扩展成不规则深褐色病斑，病斑中央呈灰褐色亮点，周围伴有一条轮纹状宽带，如图62，严重时病斑连片，导致叶片脱落。

图59　秧苗叶片感病产生浅褐色病斑，中心呈浅灰褐色

图60　染褐斑病初期叶片上带有水渍状晕圈的褐色小斑点

图61　病斑扩大后呈浅褐色，斑心有亮点

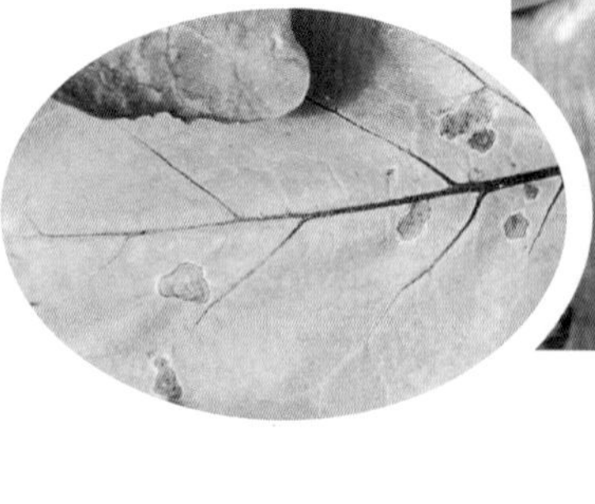

图62　发病严重病斑深褐色，中央具灰褐色亮点

【疑似症状】 褐斑病极易与褐纹病混淆，病斑均有轮纹，只是颜色差异较大。褐纹病病斑从浅灰色发展至褐色，轮纹清晰后期病斑上生黑色针点状子囊壳，褐斑病病斑为红褐色，如图63，有晕圈没有子囊壳。

图63 疑似褐斑病的茄褐纹病叶片

【发病原因】 病菌以菌丝体或分生孢子器随病残体在土壤中越冬，借风雨传播，从伤口或气孔侵入，高温高湿条件下发病严重。春季设施栽培的茄子生长后期和雨季到来时节有利于病害流行。

【救治方法】

生态防治：①实行轮作倒茬；②地膜覆盖方式栽培可有效减少初侵染源；③适量浇水，雨后及时排水；④茄果后期打掉老叶，加强通风；⑤合理增施钾、锌肥，注意补镁补钙。

药剂救治：

（1）采用茄子一生保健性病害防控方案（即大处方）进行整体预防，见本书第七部分。

（2）其他防治方法：除采用茄子一生病害防控大处方进行整体预防外，因病害有潜伏期，发病后防治已经非常被动，采取25%嘧菌酯悬浮剂1 500倍液预防也有非常好的效果，还可选用75%百菌清可湿性粉剂600倍液，或56%百菌清·嘧菌酯悬浮剂1 000倍液预防，治疗可选用32.5%苯醚甲环唑·嘧菌酯悬浮剂1 200倍液，或32.5%吡唑萘菌胺·嘧菌酯悬浮剂1 500倍液、42.8%氟吡菌酰胺·肟菌酯悬浮剂1 500倍液等喷雾。

白 粉 病

【典型症状】 茄子全生育期均可以感病，主要感染叶片。

发病重时感染枝干。发病初期主要在叶面或叶背产生白色圆形有霉状物的斑点，如图64，严重感染后叶面会有一层白色霉层，如图65，从下部叶片开始染病，逐渐向上发展，如图66。发病后期感病部位白色霉层呈灰褐色，叶片发黄坏死。

图64　发病初期在叶背产生白色圆形霉斑

图65　严重感染后叶面产生一层白色霉

图66　在田间病害从下部叶片开始发生逐渐向上发展

图67　疑似白粉病的疫病茄果

【疑似症状】　茄果染病褐变水烂长出稀疏白色菌丝，如图67，从霉状物的颜色看疑似白粉病果，但是从水渍状褐腐轮纹斑，叶片没有白粉霉菌出现，应该考虑为春季大温差条件下易发的疫病所致。

【发病原因】　病菌以闭囊壳随病残体在土壤中越冬。越冬栽培的棚室可在棚室内作物上越冬。借气流、雨水和浇水传播。温暖潮湿、干燥无常的种植环境，阴雨天气及密植、窝风环境易发病和流行。大水漫灌，湿度大，肥力不足，植株生长后期衰弱发病严重。

【救治方法】

生态防治：引用抗白粉的优良品种，一般常种的品种有茄杂2号、茄杂4号、农大601、快星等系列及引进品种安德列等。

适当增施生物菌肥及磷、钾肥，加强田间管理，合理密植，降低湿度，增强通风透光，收获后及时清除病残体，并进行土壤消毒。

药剂防治：

（1）采用茄子一生保健性病害防控方案（大处方）进行整体预防，见本书第七部分。

（2）其他防治方法：除采用茄子一生病害防控大处方进行整体预防外，还可采用25%嘧菌酯悬浮剂1 500倍液灌根预防会有非常好的效果。或用32.5%吡唑萘菌胺·嘧菌酯悬浮剂1 500倍液、42.8%氟吡菌酰胺·肟菌酯悬浮剂1 500倍液、80%代森锰锌可湿性粉剂500倍液、50%丙森锌可湿性粉剂600倍液喷施预防。生长前期发病，可选用75%百菌清可湿性粉剂600倍液，或10%苯醚甲环唑水分散粒剂2 500～3 000倍液、56%百菌清·嘧菌酯悬浮剂1 000倍液、32.5%苯醚甲环唑·嘧菌酯悬浮剂1 200倍液、80%代森锰锌可湿性粉剂600倍液、70%代森联干悬浮剂600倍液、43%戊唑醇悬浮剂600倍液等喷雾。生长后期发病可以选用30%苯醚甲环唑·丙环唑乳油3 000倍液喷雾，或42.4%氟唑菌酰胺·吡唑醚菌酯悬浮剂1 500倍液喷施。棚室拉秧后及时用硫黄熏蒸消毒。

叶　霉　病

【典型症状】　主要为害叶片。发病重时会感染枝干。病害先从底部叶片侵染（图68），逐渐向上部扩展。叶片正面染病初期有不规则褪绿黄化斑块（图69），叶背面病斑圆形，初

图68　从下向上侵染发生的
茄叶霉病

图69　叶片正面染病初期有不规则
褪绿黄化斑块

期浅褐色，有少量霉。继而变成灰褐色或黑褐色绒状霉。高温高湿条件下，病害会加重病斑扩展，霉层增厚，叶片正面也可长出黑霉，如图70。

图70　高湿条件下病斑霉层增厚，
叶背面长出黑霉

【疑似症状】　叶霉病症状容易与白粉病后期重度发生病菌老化后变褐变黑色时混淆。但是因其发生的时期和环境湿度要求差别大，一般比较好诊断与区别。白粉病在空气湿度相对低时容易发生，叶霉病菌喜欢高湿环境，且多发生在结果初期，种植密度大、通透性不良的环境下易发生。

【发生原因】　病菌以菌丝体在病残体内，或以分生孢子附着在种子上，或以菌丝潜伏在种子表皮内越冬。借助气流传播，叶面有水湿的条件下即可萌发，长出芽管经气孔侵入。气温22℃、湿度大于90%利于叶霉病的发生。高温高湿是叶霉病发生的有利条件。温度在30℃以上对病菌生长有抑制作用，可以考虑适当时机以高温烤棚抑制病害流行。叶霉病在春季茄子种植后期棚室温度上升后遇湿度大时易发生，秋延后茄子在前期秋夏气温略有下降时遇雨水或高湿环境下易大发生流行。一些引进的长茄品种在中国种植时对叶霉病抗病性较弱，应引起注意。

【救治方法】

选用抗病品种：使用抗病品种是即抗病有节约生产成本的救治办法。品种中有许多抗叶霉病的优良品种。一般抗寒性强的品种在抗叶霉病方面相对较弱。可选用农大604、超九叶等相对抗病的品种。

生态防治：加强对温湿度的控制，将温度控制在28℃以下，湿度在75%以下，不利于叶霉病的发生。适当通风，增强光照。适当密植，及时整枝打杈，对已经开始转色的下部果实周围及时去掉老叶。配方施肥，尽量增施生物菌肥，控制氮肥用量，以提高土壤通透性和根系吸肥活力。

药剂救治：

(1) 采用茄子一生保健性病害防控方案（即大处方）进行整体预防，见本书第七部分。

(2) 其他防治方法：生长前期发病可选用10%苯醚甲环唑水分散粒剂1 500倍液，或25%嘧菌酯悬浮剂1 500倍液、32.5%吡唑萘菌胺·嘧菌酯悬浮剂1 500倍液、42.8%氟吡菌酰胺·肟菌酯悬浮剂1 500倍液、42.4%氟唑菌酰胺·吡唑醚菌酯悬浮剂1 500倍液、80%代森锰锌可湿性粉剂600倍液、32.5%苯醚甲环唑·嘧菌酯悬浮剂1 200倍液、2%春雷霉素水剂600倍液、70%甲基硫菌灵可湿性粉剂500倍液喷雾防治。生长后期重度发病时可以考虑施用25%苯醚甲环唑·丙环唑乳油3 000倍液，或32.5%吡唑萘菌胺·嘧菌酯悬浮剂1 000

倍液、42.8％氟吡菌酰胺·肟菌酯悬浮剂1 000倍液等喷雾防治。

细菌性叶斑病

【典型症状】 茄子叶斑病是细菌性病害。主要为害叶片、叶柄和幼瓜。茄子整个生长期均可能受害，因雨水和设施棚内湿度高而零星发病。感病叶片呈水渍状浅灰褐色凹陷斑，如图71，叶片感病初期叶背为浅灰色水渍状斑，如图72，渐渐变成浅褐色坏死病斑，病斑不受叶脉限制呈不规则形状，如图73，茄子感染后病斑逐渐变灰褐色，棚室温度高湿度大时，叶背面会有白色菌脓溢出，干燥后病斑部位脆裂、穿孔，如图74。这是区别于疫病的主要特征。

图71　感病叶片呈水渍状浅灰褐色凹陷斑

图72　感病叶背呈灰褐色水渍状斑

图73　病斑不受叶脉限制呈不规则形状

图74　干燥后病斑部位脆裂、穿孔

【疑似症状】 发病初期叶片病斑浅灰褐色，不规则，疑似细菌性叶斑病，如图75，或叶片病斑浅褐色，在叶片呈均匀性分布，接近地面的几片叶片症状表现严重如图76。

图75　疑似细菌性叶斑病的未腐熟农家肥熏蒸所致叶斑

图76　疑似细菌性叶斑病的肥害气体熏蒸所致叶斑

但是此病斑没有水渍状斑晕，没有臭味的菌脓。细菌性病害初侵染茄子时均为黄褐色斑点，而此症没有这个病程，且发病位置在接近地面或根部，查看土壤和所施农家肥以及闻到的未腐熟农家肥的臭味，应该判断是未腐熟的农家肥产生有害气体熏蒸所致。

【发病原因】 该病属于细菌为害所致，病原可在种子内、外和病残体上越冬。病菌主要从叶片或茄果的伤口、叶片气孔侵入，借助飞溅的水滴、棚膜水滴下落或结露、叶片吐水、农事操作、雨水、气流传播蔓延。适宜发病温度为24～28℃，相对湿度70%以上均可促使细菌性病害流行。昼夜温差大、露水多，以及阴雨天气整枝绑蔓时损伤叶片、枝干、幼嫩的果实造成伤口均是病害大发生的重要因素。

【救治方法】

生态防治：

（1）选用耐病品种。引用抗寒性强、耐弱光、耐寒的杂交茄品种，引进品种需严格进行种子消毒灭菌。

（2）农业措施。清除病株和病残体并烧毁，病穴撒石灰

三、茄子病害典型与非典型、疑似症状的诊断与救治　无公害蔬菜病虫害防治实战丛书

消毒。采用高垄栽培，严禁在阴天带露水或在潮湿条件下整枝绑蔓等农事操作。

（3）种子消毒。温汤浸种：将种子放入55℃（2份开水+1份凉水）的温水中，搅拌至水温30℃，静置浸种16～24小时。干热灭菌：将种子置于70℃下10分钟，可灭菌。药剂拌种：用30亿活芽孢/克枯草芽孢杆菌可湿性粉剂100倍液拌种，可杀灭种子表面的病菌。

【药剂救治】　预防细菌性病害，初期可选用"阿加组合"即阿米西达+加瑞农组合（嘧菌酯+春雷·王铜）混合喷施对真菌性、细菌性病害可统一防控，这是得到科技示范能手们验证的防控春季易发细菌性和真菌性病害的药剂组合。也可单一防治细菌性叶斑病，采用47%春雷·王铜可湿性粉剂800倍液，或77%氢氧化铜可湿性粉剂500倍液、25%链霉素·琥珀铜可湿性粉剂400倍液、27.12%碱式硫酸铜（铜高尚）悬浮剂800倍液喷施或灌根。每亩用硫酸铜3～4千克撒施后浇水，处理土壤可以预防细菌性病害。

黄　萎　病

【典型症状】　茄子黄萎病是系统性土传病害，农民俗称"半边疯"。发病一般在开花、门茄初期，苗期较少发病。感病植株发病初期表现为下部或一侧部分叶片、侧蔓中午呈萎蔫状，如图77，看似因蒸腾脱水，晚上恢复原状，如图78。反

图77　黄萎病发病初期表现为一侧　　图78　初期病株一侧脱水性萎蔫
　　　叶片萎蔫

复几天后不再复原，故称"半边疯"，叶片颜色由黄变褐，逐渐向上发展直至全株发病。切开根、主茎、侧枝和叶柄，可见维管束变黄褐色或棕褐色（图79、图80）。而后萎蔫部位或叶片不断扩大增多，逐步遍及全株致使整株萎蔫枯死，如图81，湿度大时感病茎秆表面生有灰白色霉状物。黄萎病是茄子的重要病害，有时损失可达50%以上。

图79　剖开茎秆可见维管束变褐

图80　健康维管束的剖面

图81　茄黄萎病严重
　　　发生的田间

【疑似症状】

（1）植株整体表现萎蔫，叶片黄化，如图82，拔出茎蔓剖查，没有维管束变褐现象。棚室中的茄株均表现黄化和不同程度的萎蔫，查看田间有土壤积水和土壤表面生青苔绿膜，应判断为与连年种植蔬菜土壤有机肥不足、化肥施用过量造成土壤盐渍化，导致根压过小，根系吸肥不足，出现生理性萎蔫。

（2）茄株叶缘脱水但不变色，如图83，茎蔓维管束没有病变，棚室中的茄株叶片均下垂萎蔫，随着水分和阳光充足供给慢慢有所恢复，三两日可恢复正常。应判断为持续阴霾或连阴天，植株长期生长在弱光环境里骤然晴天光照充足升温，造成植株在高温强光下的生理性脱水。

图82 土壤盐渍化茄根吸水障碍性萎蔫　　　图83 低温弱光后骤晴导致茄株生理性脱水萎蔫

【发病原因】 黄萎病菌系土传病害，病原菌通过维管束从病茎向果实、种子形成系统性侵染。从苗期到生长发育期均可侵染。以休眠菌丝体、厚垣孢子和菌核随病残体在土壤中越冬，可在土壤中存活6～8年。从伤口、根系的根毛细胞间侵入，进入维管束并在维管束中发育繁殖，扩展到枝叶，病菌在维管束中繁殖堵塞导管致使植株逐渐萎蔫枯死。发病适宜温度为19～24℃，低洼、浇水不当、重茬、连作、施用未腐熟肥料的地块发病重。

【救治方法】

选种抗病品种：较抗黄萎病的茄子品种有快星、农大601、农大604、茄杂2号、茄杂3号、茄杂9号、黑茄王等，以及引进品种郎高、瑞马、安德列。

生态防治：

（1）营养钵育苗。采用营养钵育苗，最好采用一次性营养基质，如果使用营养土育苗一定要消毒，即取大田土与腐熟的有机肥按6∶4混均，并按每立方米苗床土加入500克10亿活芽孢/克枯草芽孢杆菌可湿性粉剂和6.25%咯菌腈·精甲霜灵悬浮剂100毫升拌匀一起过筛。用配好的苗床土装营养钵或铺在育苗畦上，可以减轻黄萎病的为害，育苗时当茄苗长至3～4片真叶时，建议采用30亿活芽孢/克枯草芽孢杆菌可湿性粉剂500倍液淋灌幼苗，这个时期施药对预防黄萎病非常关键。而且施用生物农药非常安全，不烧苗，可防病壮苗。

（2）种子包衣。选用4.8%咯菌腈·苯醚甲环唑悬浮种衣剂10毫升，对水150～200毫升可包衣2千克种子（加水量视种子的大小，以让种子充分着药包衣均匀为目的）。药剂包衣后应充分晾干，然后播种。

（3）嫁接。嫁接是当前最好的防控黄萎病的措施。采用野生茄子作砧木与茄子嫁接在生产上多采用托鲁巴姆作砧木（图84）、刺茄（CRP）或赤茄，其中以托鲁巴姆的嫁接亲和性较强，生长势增强明显，生产上应用最多。一般砧木托鲁巴姆亩用种10～15克，接穗品种亩用种30～40克。近两年河北省农林科学院经济作物研究所用强势番茄嫁接茄子防黄萎病示范成功，又为重茬茄农开辟了一条防治黄萎病的新途径，如图85。

图85 番茄作砧木嫁接的茄子

图84 嫁接前的砧木托
　　　鲁巴姆苗

嫁接方式有许多种，生产中常见的有靠接、插接、劈接、楔接（套接）等方式，茄子嫁接常用插接（图86）和楔接法（图87）。也可以根据自己掌握的技术熟练程度选择适合自己的方法进行。

嫁接使用的砧木托鲁巴姆种子发芽和出苗较慢，幼苗生长也慢，要比接穗品种提早25天左右播种。托鲁巴姆种子休眠性强，提倡用催芽剂或赤霉素（九二〇）处理，将砧木种子置于55～60℃温水中，搅拌至水温30℃，然后浸泡2小

图87 楔接法嫁接的茄子苗

图86 插接法嫁接的茄子苗

时，取出种子风干后置于0.1%～0.2%赤霉素溶液中浸泡24小时，处理时放在20～30℃温度下，如图88，然后用清水洗净（图89），变温催芽。菜农用纱布缝成比暖水瓶口略细的柱形小袋，用绳子系住一头，将种子装入纱布袋。在暖水瓶中加入半瓶３０℃温水，再把纱袋种子包放入瓶中悬吊（不能触及水面），把长线留在瓶外固定好，塞紧瓶塞。以后每天换1～2次水。当种子张口时，将瓶中水温降至25℃。待全部种子齐芽后，即可播种。此法催芽，需7～8天。砧木应比接穗早播15～20天。一般砧木出苗后再播接穗，待砧木苗长到5～7片真叶、接穗茄苗5～6片真叶时，进行嫁接。

嫁接操作方法：从砧木基部向上数，留2片真叶或不留叶

图88 恒温催芽

图89 清水投洗种子

片，用刀片横断茎部如图90，然后由切口处沿茎中心线向下劈一个深0.7～0.8厘米的切口，再选粗度与砧木相近的接穗苗，从顶部向下数，在第二或第三片真叶下方下刀，如图91，把茎削成两个斜面长0.7～0.8厘米的楔形如图92，将其插入砧木的切口中，要注意对齐接穗和砧木的表皮，用嫁接夹夹好如图93，摆放到小拱棚里。

图91　从接穗顶部向下数第三片真叶下方下刀

图90　嫁接砧木横切断茎部

图92　接穗茎削成两个斜面长0.7～0.8厘米的楔形

图93　接穗与砧木切口对齐用嫁接夹夹好

　　嫁接后的管理：嫁接后把苗钵摆在苗床上，浇透水。盖上小拱棚，保温保湿，适当遮阴，前5天温度白天24～26℃，夜间18～20℃，棚内相对湿度90%以上，5天后逐渐降低湿度，空气湿度80%，通风，苗子要适当见光，8天后空气相对湿度达到70%，10天后去掉小拱棚、取掉嫁接夹如图94，转入正常管理。砧木的生长势极强，嫁接接口下面经常萌发出枝条，要及时抹去，以免消耗营养。

嫁接苗定植时注意事项：定植时注意嫁接苗刀口位置要高于栽培畦土表面一定距离如图95，以防接穗根受到二次污染致病。

图94　嫁接成活的茄子苗　　　图95　定植嫁接苗注意接口位置高出畦土表面

（4）加强田间管理。适当增施生物菌肥和磷、钾肥。降低田间湿度，增强通风透光，收获后及时清除病残体，露地茄子需轮作倒茬。与葱、姜、蒜等非茄科作物实行2～3年轮作，可减轻发病。

（5）高温闷棚。高温闷棚杀菌技术测试结果表明：闷棚处理5～20厘米土层最高温度可达60℃，而不闷棚的仅达40℃，随着温度的升高及时间的延长，黄萎病菌的微菌核萌发率呈下降趋势，高温结合加水处理效果更加明显。图96为经过高温闷棚与未闷棚的茄子生长状况对比。高温闷棚操作方法有两种：

①秸秆+粪+尿素+速腐剂+85%土壤含水量闷棚法：最新试验示范结果表明，与其他闷棚方法相比较此法

图96　效果显著的闷棚示范

是最有效的。操作程序是：

a.对连年种植的重茬地块，利用夏季休闲期，选择连续高温天气，将腐熟的鸡粪、农家肥及尿素、粉碎后的秸秆均匀撒施于棚室土壤表层，如图97。

b.每667米²撒施促进秸秆腐熟和软化的生物发酵速腐剂2千克，如图98。

c.深翻旋耕，如图99。

d.大水浇透，不留有明水，地面呈现湿乎乎的感觉为宜，如图100。

图97 均匀撒施粉碎后的秸秆、尿素、农家肥于棚室土壤表层

图98 撒施促进秸秆腐熟和软化的生物发酵速腐剂

图99 深翻旋耕

e.覆盖地膜闷棚，如图101。一般7～8月闷棚20～30天。插上地温表测试不同耕作层的土壤温度，如图102。一般测试耕作层土温20厘米达到40℃以上为宜。

封闭闷棚结束后，揭去地膜，耙晒土壤1周后即可播种。

图100 大水浇透，不留有明水

图101　覆盖地膜闷棚　　　图102　插上地温表测试不同耕作层的土壤温度

②甲醛高温闷棚法：对连年种植茄子的地块，利用夏季休闲期，选择连续高温天气，深翻土壤后于傍晚浇透水，第二天早上喷施40%甲醛溶液。每个标准大棚（667米^2）甲醛用量为2～2.5升，加水50升，均匀喷雾，喷后立即覆盖地膜或大棚薄膜，薄膜边缘应用土压实千万不能漏气。密封10～15天后，去掉覆盖的地膜，耙后晾晒10天以上，然后进行播种或移栽。

（6）育苗、定植、瞪眼期三步枯草芽孢杆菌施药法。对于自根栽培或重茬嫁接茄子，在育苗、定植和瞪眼期三个环节施用枯草芽孢杆菌防治黄萎病具有特殊的效果。

①育苗期：3～4片真叶时用10亿活芽孢/克枯草芽孢杆菌可湿性粉剂500倍液淋灌幼苗。

②定植期：撒药土。药、土比为1：50，用30亿活芽孢/克枯草芽孢杆菌可湿性粉剂与细土混合好，每穴50克穴施；或用10亿活芽孢/克枯草芽孢杆菌可湿性粉剂800倍液每穴施250毫升灌根（灌窝），定植缓苗生长期可以有较好的防病效果。

③瞪眼期：在门茄瞪眼期对茄株灌根施药，无论发病或不发病。即用30亿活孢子/克枯草芽孢杆菌可湿性粉剂1 000倍液每株灌250毫升。

需要强调的是：施枯草芽孢杆菌预防黄萎病的方法，要求种植茄子的地力一定要在土壤有机质含量和施入量较充分的前提下进行，土壤越肥沃，有机质含量越高，防治效果就越好。土壤盐渍化严重，或沙性强肥力低下的土壤，防效不会理想。

药剂救治：

（1）采用茄子一生保健性病害防控方案（即大处方）进行整体预防，见本书第七部分。

（2）药剂灌根。灌根：定植时可选用30亿活芽孢/克枯草芽孢杆菌可湿性粉剂1 000倍液每株灌250毫升，如果在门茄瞪眼期再灌一次（枯草芽孢杆菌）效果会更好，即800倍药液每株灌250毫升。75%百菌清可湿性粉剂800倍液，或2.5%咯菌腈悬浮剂1 500倍液、80%代森锰锌可湿性粉剂600倍液、50%甲基硫菌灵可湿性粉剂500倍液、50%多菌灵可湿性粉剂500倍液，每株250毫升，在生长发育期、开花结果初期、门茄瞪眼期各灌根1次，早防早治效果会很明显。

根 腐 病

【典型症状】 茄子根腐病是土传病害，苗期、成株期均有发生。发病一般在门茄初期，苗期多因营养土带菌而发病。感病植株发病初期表现为下部部分叶片萎蔫黄化，枝干软弱不挺立，根部黑褐色不缢缩，如图103。切开根、主茎，可见到黑色病变，但维管束并没有向上传导变黄褐色，如图104。高湿积水时根部表皮脱落。晴天高温时植株萎蔫枯死，不可恢复，如图105。根腐病与黄萎病的区别：黄萎病发病后，因导管组织病菌的逐渐堵塞而使营养运输缓慢，死亡需要萎蔫恢复再萎蔫较慢的反复的过程，而根腐病是根部枯烂，根已经没有输导营养的功能，植株直接枯死。发病速度快于黄萎病。暴雨、积水、盐渍化土壤的茄子田发病严重。

图103 染病枝干根部黑褐色，不缢缩

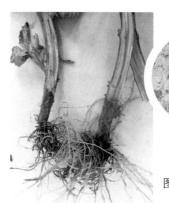

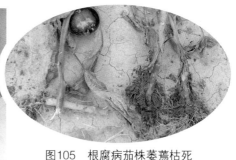

图105　根腐病茄株萎蔫枯死

图104　根部黑色病变，维管束并
不向上传导变色

【疑似症状】 植株根部腐烂，枝干表皮脱落，如图106，输导组织没有病变疑似根腐病。其生长环境长期积水和土壤盐渍化，在低洼地块死株连片，应判断与盐渍化土壤积水后沤根有关。

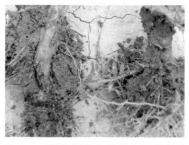

图106　疑似根腐病的积水沤根茄株

【发病原因】 根腐病属于真菌性病害。病原菌为镰孢菌，在土壤中及病残体上越冬。可在土壤中长期存活，从根部伤口侵入。高温高湿、连作、盐渍化土壤、低洼地、黏重土壤发病重。

【救治方法】

生态防治：加强田间管理，地膜覆盖栽培可有效减少初侵染源；适当增施生物菌肥和磷、钾肥，注意补镁补钙。适量浇水，雨后及时排水；生长后期打掉老叶，加强通风；降低湿度，增强通风透光，收获后及时清除病残体，露地茄子应与葱、姜、蒜等非茄科作物实行2～3年轮作，可减轻发病。设施棚室需要进行高温闷棚杀菌。

嫁接防治：参见黄萎病嫁接防治方法。

育苗、定植、瞪眼期三步枯草芽孢杆菌施药法：对于直生苗（未嫁接）或重茬茄子，在育苗、定植和瞪眼期三个环节施用枯草芽孢杆菌防治茄子根腐病效果显著。具体使用方法参见黄萎病救治方法。

药剂救治：

（1）采用茄子一生保健性病害防控方案（大处方）进行整体预防，见本书第七部分。

（2）灌根。定植时可选用30亿活芽孢/克枯草芽孢杆菌可湿性粉剂1 000倍液每株250毫升穴灌，如果在门茄瞪眼期再灌一次枯草芽孢杆菌效果会更好；即800倍液每株灌250毫升。也可用75%甲基硫菌灵可湿性粉剂800倍液，或2.5%咯菌腈悬浮剂1 500倍液、80%代森锰锌可湿性粉剂600倍液、10%双效灵水剂400倍液、50%多菌灵可湿性粉剂500倍液，每株250毫升，在生长发育期、开花结果初期、门茄瞪眼期连续灌根，早防早治效果很明显。

菌 核 病

【典型症状】 菌核病就是菜农常说的"长老鼠屎的病害"，在重茬地、老菜区发生比新菜区严重。在茄子整个生长期均可发病。苗期染病呈水渍状凹陷萎蔫，如图107；高湿环境下病茎长出菌丝，如图108。成株期发生较多，各个部位均有感病现象。先从主干茎基部或侧根侵染，呈褐色水渍状凹陷病变，如图109；主干病茎表面易破裂，湿度大时皮层霉烂，

图107　苗期染病水渍状凹陷萎蔫

图108　高湿环境下病茎长出白色菌丝

髓部形成黑褐色菌核，致使植株枯死，如图110。叶片染病，呈水渍状大块病斑，如图111，随后枯干易脱落。茄果受害端部或阳面先出现水渍状斑后变褐腐，感病后期茄果病部凹陷如图112，病茄斑面轮纹状长出稀疏菌丝，如图113，后期形成黑色菌核（即老鼠屎状的菌核），如图114。

【疑似症状】 茄果软腐褐变长出稀疏菌丝如图115。继续观察病茄水烂但菌丝不会茂密。菌丝的茂密程度和最后有否黑色菌核（即老鼠屎颗粒）是判定菌核病的依据。

图109 主干基部侧枝呈褐色凹陷病变

图110 主干病茎皮层霉烂，形成黑褐色菌核，致使植株枯死

图112 病茄果面水渍状褐腐长出白色菌丝体

图111 叶片染病呈水渍状大块病斑，随后枯干

图114 感病植株长出茂密菌
丝和黑色菌核

图113 腐烂病茄轮纹病斑长
出菌丝

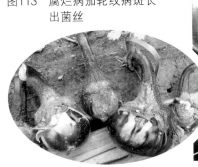

【发病原因】 病菌主要以菌核在田间或棚室保护地中越冬。春天子囊孢子由伤口、叶孔侵入，也可由萌发的子囊孢子芽管穿过叶片表皮细胞直接侵入，适宜发病温度为16～20℃，早春、秋延后设施棚室和南方冬季雨水多时低温高湿、连阴天、多雾天气发病重。

图115 疑似菌核病茄果的疫病幼茄

【救治方法】

生态防治：

（1）保护地栽培覆盖地膜可阻止病菌出土，降湿、保温净化生长环境。

（2）土壤表面药剂处理。每100千克土加入2.5%咯菌腈悬浮剂20毫升、68%精甲霜灵·锰锌水分散粒剂20克拌均匀撒在育苗床上，对定植棚室土壤表面进行药剂封闭杀菌。用40%百菌清·精甲霜灵悬浮剂500倍液，或68%精甲霜灵·锰锌水分散粒剂500倍液对定植穴或定植沟进行表面喷施，可有效杀灭土壤表面的病菌。

（3）清理病残体集中烧毁。

药剂救治：

（1）采用茄子一生保健性病害防控方案（即大处方）进行整体预防，见本书第七部分。

（2）其他防治方法。可选用25％嘧菌酯悬浮剂1 500倍液灌根，或75％百菌清600倍液喷施预防；或选用10％苯醚甲环唑水分散粒剂800倍液、56％百菌清·嘧菌酯悬浮剂1 000倍液、32.5％苯醚甲环唑·嘧菌酯悬浮剂1 200倍液、50％嘧菌环胺水分散粒剂1 200倍液、40％嘧霉胺悬浮剂1 200倍液、50％乙霉威·多菌灵可湿性粉剂800倍液、50％啶酰菌胺可湿性粉剂800倍液喷雾。

斑 点 病

【典型症状】 茄子斑点病又称斑枯病。主要为害叶片、叶柄和果实。感病叶片初期在叶背面生出水渍状小圆斑或近似圆斑，边缘深褐色，中心略凹陷，如图116；后期病斑表面生出许多褐色小颗粒，如图117。

图116　发病初期叶背生水渍状　　图117　发病后期病斑表面生许多
　　　　小圆斑，边缘深褐色　　　　　　　　褐色小颗粒

【疑似症状】 斑点病与褐斑病症状上容易混淆。从症状上斑点病的病斑颜色较深，通常称黑斑病，高湿环境下或雨水打时斑点病的病斑黑褐色凹陷。而叶斑病斑点较小，不扩大。斑点病后期斑表面生褐色颗粒，而褐斑病病斑颜色较浅，

有晕圈和轮纹，如图118，这是区别两个病害的依据。

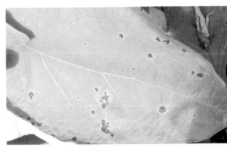

图118　茄褐斑病叶片

【发病原因】　茄斑点病菌以菌丝和分生孢子器在病残体、多年生茄科杂草上或附着在种子上越冬。借风雨或靠雨水反溅传播，从气孔侵入。发病适温为22～26℃，湿度接近饱和、高温高湿条件下发病严重。春季设施茄子生长后期和露地栽培茄子雨季到来时有利于病害流行。

【救治方法】

生态防治：实行轮作倒茬；用地膜覆盖方式栽培可有效减少初侵染源；适量浇水，雨后及时排水；茄子生长后期及时打掉老叶，增强通风；合理增施钾肥、锌肥，注意补镁补钙。

药剂救治：参考茄褐斑病的防治方法。

青枯病

【典型症状】　茄子青枯病在生产中属于急性凋萎性病害。首先表现是一片或几片叶子褪绿性萎蔫，如图119。病情逐渐加重时造成整株性萎蔫，叶子变褐枯干，如图120。感病茎秆

图119　茄青枯病致叶片褪绿性萎蔫

图120　病情加重后叶片变褐枯干

怎么看害蔬菜病虫害防治实战丛书

二、茄子病害典型与非典型、疑似症状的诊断与救治

外部不表现异常，只是剖开茎部可见木质部变褐，如图121，挤压切面会流出菌脓。感病后期枝秆髓部溃烂中空，全株凋萎，如图122。挤压茎秆可见流出乳白色黏液是诊断青枯病的重要依据。

图121　剖开茎部可见木质部变褐

图122　青枯病全株凋萎田间发生状

【发病原因】　青枯病属于细菌性病害，病原细菌主要在土壤中越冬。翌年靠雨水、灌溉水以及土壤传播。从寄主根部或茎基部伤口侵入，繁殖蔓延。病菌生存适温为30～33℃。因此高温高湿是青枯病发生的重要条件。地温高于25℃时，青枯病流行的概率高。夏季阴雨天气整枝时损伤叶片、枝干、幼嫩茎造成伤口均是病害大发生的重要因素。

【救治方法】

生态防治：

（1）露地栽培，实行与十字花科或禾本科作物4年以上的轮作倒茬。水旱轮作效果最好。

（2）清除病株和病残体并烧毁，病穴撒石灰消毒。

（3）选用无病种子和采用高垄栽培，严格控制阴天带露水或在潮湿条件下整枝绑蔓等农事操作。

（4）种子消毒。温汤浸种：将种子投入55℃（2份开水+1

份凉水）的温水中，搅拌至水温30℃，静置浸种16～24小时。干热灭菌：将种子置于70℃下10分钟可灭菌。福尔马林浸种：种子用清水预浸5～6小时，再用40%福尔马林100倍液浸20分钟，取出后密闭放置2～3小时，清水冲净后备用。

药剂拌种：用30亿活芽孢/克枯草芽孢杆菌可湿性粉剂100倍液拌种，能杀死附着在种子表面的病菌。

药剂救治：预防细菌性病害初期可选用47%春雷·王铜可湿性粉剂800倍液，或77%氢氧化铜可湿性粉剂600倍液、25%链霉素·琥珀铜可湿性粉剂400倍液、27.12%碱式硫酸铜（铜高尚）悬浮剂800倍液喷施或灌根。每667米^{2}用硫酸铜3～4千克撒施后浇水处理土壤可以防控土壤中的细菌传播为害。

病 毒 病

【典型症状】　茄子病毒病多发生在露地和秋延后茄子上，茄子病毒病的主要症状有：花叶、条斑、黄顶、蕨叶、卷叶等。生产中常见的主要有花叶，如图123。花叶型病毒病的典型症状是叶片黄绿相间或深浅斑驳，叶脉透明，叶片皱缩，植株略矮，如图124。条斑型病毒病症状是在叶、茎、果实上发生不同形状的条斑，如图125，还有些产生褐色斑点、云纹皱缩，如图126。有些感病植株的症状是复合发生，一株多症的

图123　花叶型病毒病茄子叶片症状

图124　感染病毒病的叶片皱缩，植株略矮

三、茄子病害典型与非典型、疑似症状的诊断与救治

无公害蔬菜病虫害防治实战丛书

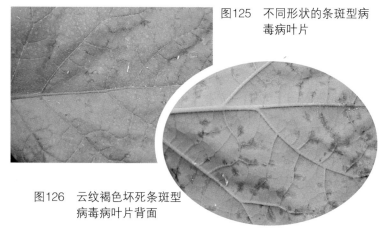

图125 不同形状的条斑型病毒病叶片

图126 云纹褐色坏死条斑型病毒病叶片背面

现象很普遍。

【发病原因】 病毒是不能在病残体上越冬的，只能以冬季生存的蔬菜、多年生杂草、蔬菜种株为寄主存活越冬。翌年由蚜虫粉虱、蓟马等取食传播，或通过农事操作使病害发展蔓延。高温干旱适合病毒病发生增殖，有利于蚜虫繁殖和传毒。温度过高会使病症减轻。管理粗放、田间杂草丛生和紧邻十字花科留种田的地块发病重。因此，防治病毒病铲除传毒媒介非常关键。

【救治方法】

生态防治：

（1）彻底铲除田间杂草和周围越冬存活的蔬菜老根，尽量远离十字花科蔬菜制种田种植。

（2）增施有机肥，培育大龄苗、壮苗，加强中耕，及时灭蚜增强植株本身的抗病毒能力是关键。

（3）秋延后设施栽培的茄子建议在育苗和定植后的棚室加设防虫网，采用"两网一膜"即防虫网、遮阳网、棚膜来抵御蚜虫、白粉虱、蓟马的传毒为害，加防虫网是育苗期最有效阻断传毒媒介的措施。没有条件的可采用小拱棚防虫网利用蚜虫驱避性可采用银灰膜避蚜、黄板涂抹机油诱蚜。

药剂防治：灌根施药法。可用强内吸杀虫剂在移栽前苗床上一次性淋灌施药防治传毒害虫，持效期可长达25～30天。方法是在移栽前2～3天，用35%噻虫嗪3 000倍液（即1喷雾器水加10毫升药）或24.7%高效氯氟氰菊酯·噻虫嗪微囊悬浮剂1 000倍液喷淋幼苗，使药液除喷叶片以外还要渗透到土壤中。平均每平方米苗床喷药液2升，此方法有较好的防蚜虫和白粉虱效果可起到预防传毒的作用。

　　喷施用药法：可选用25%噻虫嗪水分散粒剂2 000倍液，或24.7%高效氯氟氰菊酯·噻虫嗪微囊悬浮-悬浮剂1 500倍液、10%吡虫啉可湿性粉剂1 000倍液、2.5%氯氟氰菊酯水剂1 500倍液与25%噻虫嗪水分散粉剂2 000倍液混用灭杀传毒媒介。

　　苗期尽早选用20%吗胍·乙酸铜可湿性粉剂500倍液，或3.4%赤·吲乙·芸可湿性粉剂5 000倍液、1.5%植病灵乳油1 000倍液等药剂喷施，会有减缓和抑制病毒复制以及显症的作用。

线 虫 病

　　【典型症状】　线虫病就是菜农俗称"根上长土豆"或"根上长疙瘩"的病，如图127。主要为害植株根部。根部受害后产生大小不等的瘤状根结，如图128。剖开根结会有很多细小的乳白色线虫埋藏其中。植株地上部会因发病致使生长衰弱，中午时分有不同程度的萎蔫，并逐渐枯黄，死亡。

图127　茄子感染线虫病的根系

图128　重度感染线虫病的茄子根系

三、茄子病害典型与非典型、疑似症状的诊断与救治
无公害蔬菜病虫害防治丛书

【发病原因】 线虫生存在5～30厘米的土层之中，以卵或幼虫随病残体在土壤中越冬。借病土、病苗、灌溉水传播可在土中存活1～3年。线虫在条件适宜时由寄生在须根上的瘤状物，即虫瘿或越冬卵，孵化形成幼虫后在土壤中移动到根尖，由根冠上方侵入定居在生长点内，其分泌物刺激导管细胞膨胀，形成巨型细胞或虫瘿，称根结。田间土壤的温湿度是影响卵孵化和线虫繁殖的重要条件。一般喜温蔬菜生长发育的环境也适合线虫的生存和繁衍。随着北方深冬季种植茄子面积的扩大和种植时间的延长，越冬保护地栽培茄子给线虫越冬创造了很好的生存条件，连茬、重茬地种植棚室茄子，发病尤其严重。越冬栽培茄子的产区线虫病害发生已经非常普遍。

【救治方法】

生态防治：

（1）无虫土育苗。选大田土或没有病虫的土壤与不带病残体的腐熟有机肥以6：4的比例混均，每立方米土虫加入100毫升1.8%阿维菌素乳油混均用于育苗，现代化育苗设施的营养土一定要消毒灭虫。不要在发生线虫病害的棚室里育苗。

图129 棚室地面反扣穴盘与地面隔离防线虫侵染

实在错不开的，建议地面加设一层地砖或反扣穴盘支垫，如图129，上铺一层棚膜隔离以减少污染。

（2）石灰氮（氰氨化钙）反应堆杀虫。其原理是氰氨化钙遇水分解后所生成的气体单氰胺和液体双氰胺对土壤中的真菌、细菌、线虫等有害生物有广谱性杀灭作用。氰氨化钙分解的中间产物单氰胺和双氰胺最终可进一步生成尿素，具有无残留、不污染的优点。

操作方法：前茬蔬菜拔秧前5～7天浇一遍水，拔秧后将未完全腐熟的农家肥或农作物碎秸秆均匀地撒于土壤表面，每667米^{2}立即撒施60～80千克氰氨化钙于土壤表层，旋耕土壤10厘米使其混合均匀，再浇一次水，覆盖地膜，高温闷棚15天以上，然后揭去地膜，放风7～10天后可做垄定植。处理后的土壤栽培前要注意增施磷、钾肥和生物菌肥。这种方法在南方较适用。在北方，由于土壤大多是碱性或盐渍化比较严重，处理效果不够理想，因此，不提倡使用。

（3）高温闷棚。即秸秆+粪+尿素+速腐剂+85％土壤含水量闷棚法。最新试验示范结果证明，与其他闷棚方法相比较此法是最有效的。操作程序是：①对连年种植的重茬地块，利用夏季休闲期，选择连续高温天气，将腐熟的鸡粪、农家肥及尿素、粉碎后的秸秆均匀撒施于棚室土壤表层。②每667米²撒施促进秸秆腐熟和软化的生物发酵速腐剂2千克。③深翻旋耕。④大水浇透，不要有明水，地面呈现湿乎乎的感觉为合适。⑤覆盖地膜闷棚，一般7～8月闷棚20～30天。插上地温表测试不同耕作层的土壤温度。一般测试耕作层20厘米温度在40℃以上为宜。

封闭闷棚结束后，揭去地膜，耙晒土壤1周后即可播种。

药剂防治： 定植前处理土壤每667米²沟施10％噻唑磷颗粒剂1.5～2千克，施后覆土、洒水封闭盖膜1周后松土定植，对已经定植的植株生长早期可以用1.8％阿维菌素水剂2 000倍液灌根救治，不提倡穴施，生产中穴施距离秧苗根系太近了会产生轻微药害。必须在采摘前40天停止施药。

三、茄子生理性病害的诊断与救治

在蔬菜生产一线，菜农对生理性病害的认知非常模糊。生理性病害占病害发生比例正逐年增加，已经成为影响蔬菜生产的重要障碍。因生理性病害误诊而错误用药产生的各种农药药害等现象普遍发生。又因多种农药混施造成的复合症状给诊断带来难度。

低温障碍

【症状】

（1）秋季覆盖棚膜前后，茄株叶片呈现紫色后褪绿，如图130。严重时紫叶黄化甚至白化，或呈掌状花叶，如图131。

（2）北方越冬栽培茄子，茄子安全越冬十分关键。在深冬季，棚室昼夜温差在5～10℃时，茄子叶片向下弯卷呈勺状，如图132。

（3）北方春季多风，棚膜被吹开，茄秧突然遭遇冷风和寒气，叶片细胞受冻叶肉黄化、干枯，如图133，严重的整株冻死，如图134。

【发病原因】 茄子是喜温作物，耐受低温寒冷的能力有

图130 茄片变紫褪绿

图131 茄子呈掌状花叶

图133 茄秧受冻死亡，叶片干枯

图132 茄叶向下弯卷

限。温度低于13℃时植株停止生长，当冬春季或秋冬季节栽培或育苗时，遭遇寒冷，或长时间低温或霜冻，茄子植株本身会产生寒害症状。茄子在昼温为20～30℃、夜温为18～22℃条件下，可以正常生长发育，低于

图134 早春棚室茄苗受冻死亡

15℃发育迟缓，低于13℃时茎叶停止生长，低于10℃，新陈代谢紊乱，低于6℃植株就会受寒害，低于2℃时会引起冻害。生存在寒冷的环境里，茄株叶肉细胞会因冷害结冰受冻死亡，突然遭受0℃以下低温会迅速冻死。症状（1）为昼夜温差超过20～25℃；症状（2）为棚室温度过低；症状（3）为低温加寒风。

【救治方法】

（1）选择种植耐寒、抗低温、弱光品种。如农大601、茄

杂2号、京圆1号、快星系列等。

（2）根据生育期确定加温等保苗措施，避开寒冷天气移栽定植。

（3）育苗、定植后的茄秧应注意保温，可采用加盖草毡、棚中棚加膜等措施保温抗寒，如图135，多层棚膜的及时保温会让受冻秧苗尽快解除灾情，恢复正常生长。

图135　棚中棚加膜保温抗寒栽培模式

（4）突遇霜寒，应采取临时加温措施，烧煤炉或铺设地热线、烧土炕等。

（5）定植后提倡全地膜覆盖，进行膜下渗浇如图136，可有效降低棚室湿度，小水勤浇，切忌大水漫灌，有利于保温降湿。

（6）有条件的可安装滴灌设施，既可保温降湿还可有效地阻止病原菌传播，减轻病害。做到合理均衡施肥浇水。这是无公害蔬菜生产的必然趋势。

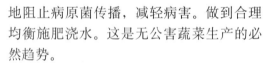

（7）喷施抗寒剂。可选用3.4%赤·吲乙·芸可湿性粉剂4 000倍液或3克药（1袋药）加15千克水（1喷雾器水）喷施会有较好的耐寒效果，或用55%益施帮水乳剂800倍液、50克红糖对1喷雾器水＋0.3%磷酸二氢钾喷施。

图136　膜下渗浇栽培模式

高温障碍

【症状】生产中常见的高温障碍有如下几种现象。

（1）灼伤。茄株叶缘向下卷曲，叶面呈现大面积紫色斑块，叶边失水、萎蔫、严重的干枯如图137、图138，果实产生日灼伤，如图139。

图137　茄株叶片大面积紫色斑块呈烫伤状

图138　高温、阳光直射秧苗快速失水萎蔫

（2）脱水性萎蔫。在北方春季大棚生产中，茄株叶片因水分吸收量小于蒸腾量，而呈现生理性脱水现象，图140。

（3）落花。越夏茄子，花发育不完善，造成授粉花的脱落，如图141。

图139　茄果产生日灼伤

图141　高温落花

图140　高温蒸腾下的生理性脱水

【发病原因】　茄子在昼温38℃，夜温高于25℃时生长受到抑制，代谢异常，叶片蒸腾过度，细胞脱水，呼吸消耗大于光合积累，就要消耗体内储存的营养物质，植株处于饥饿状态而萎蔫。势必导致坐果率降低，容易化瓜、落果。越夏棚室温

三、茄子生理性病害的诊断与救治

无公害蔬菜病虫害防治实战丛书

度超过40～45℃时叶片会发生灼伤，产生烫伤紫色块斑。叶缘干枯及植株黄化、萎蔫、卷叶、裂果等现象。干旱、炎夏暴雨后放晴条件下受害症状更严重。

【救治方法】

（1）选用抗热品种，如农大604、超九叶茄、茄杂9号等。

（2）降温通风，露地栽培注意暴雨后放晴要施行"涝浇园"，即在放晴后浇水降温，避免雨后突然放晴的高温烤秧、灼叶。保护地应注意开大风口，加大透气，遮阴降温。使用遮阳网是最好的防范措施。棚室喷水降温效果也不错，但应注意降湿防止病害发生。

（3）喷施生物动力素。可喷施55％益施帮水乳剂800～1 200倍液提高茄株抗逆能力。也可喷施3.5％赤·吲乙·芸可湿性粉剂3 000倍液，可缓解热害造成的滞长。

土壤盐渍化障碍

【症状】　植株生长缓慢、矮化，叶色深绿，叶缘浅褐色枯边，如图142。果实淡紫色，如图143，转色困难，严重时呈绿色或浅绿色。

图142　茄株叶缘枯边

图143　茄果转色障碍呈浅紫色

【发病原因】　在重茬、连茬，有机肥严重不足，大量施用化肥的地块经常发生茄子营养不良，氮过量，钾、镁不足的现象。长期施用化肥，使土壤中的硝酸盐逐年积累。由于肥料中的盐分不会或很少向下淋失，造成土壤中的盐分借毛细管水上升到表土层积聚，盐分的积聚使茄子根压过小造成各种养分吸收输导困难，成型茄果转色障碍，植株生长缓慢。土壤反而向植株索要水分造成植株局部水分倒流，同时保护地棚室中温度高，水分蒸发量大，因根压不足导致吸水和养分不足，叶片叶缘枯干，严重时则呈现盐渍化枯萎。

【救治方法】 增施有机肥，测土配方施肥，尽量不用容易增加土壤中盐份浓度的化肥，如硫酸铵。严重地块可灌水洗盐，泡田淋失盐分，并及时补充因淋失造成的钙、镁等微量元素。

土壤改良：深翻，增施腐熟秸秆等松软性填充物质，加强土壤通透性和吸肥性能。已经种植的地块，可以考虑每667米^{2}施用松土精或阿克吸晶体200克，局部改善一下生长环境，但不是长久之计。

沤　根

【症状】 主要在苗期发生，成株期也有发生。发病时根部不长新根，根皮呈褐锈色，水渍状腐烂，地上部萎蔫，易拔起，如图144、图145。

【主要原因】 棚室长时间低温，土壤湿度大，光照不足，

图144　沤根秧苗

图145　沤根植株

无公害蔬菜病虫害防治实战丛书

造成根压小，吸水力差。

【救治方法】 苗期和棚温度低时不要浇大水，最好采用膜下暗灌小水的方式浇水。选晴天上午浇水，保证浇后至少有两个晴天；加强炼苗，注意通风，只要气温适宜，连阴天也要放风，培育壮苗，促进根系生长；按时揭盖草苫，阴天也要及时揭盖，充分利用散射光。

畸 形 果

【症状】 果实小，僵硬，俗称石茄，如图146。茄果大小正常但茄蒂迸裂，露出茄籽，如图147，失去商品价值。茄果长圆形，两个茄身，如图148，属于非正常茄果。茄子生长正常，只是蒂部异常生出一个凸起，如图149。

【主要原因】 开花前后遇低温、高温和连阴雪天，光照不足，造成花粉发育不良，影响授粉和受精。另外，花芽分化

图146 僵硬石果

图147 茄蒂迸裂果

图148 双茄身畸形果

图149 蒂部异常凸起茄

期温度过低，肥料过多，浇水过量，使生长点营养过剩，花芽营养过剩易产生僵果；细胞分裂过于旺盛，会造成多心皮的畸形果，即双身茄。果实生长过程中，过于干旱而突然浇水，造成果皮生长速度不及果肉快而引起裂果。蒂部异常凸起的茄子多与使用蘸花药剂浓度配比不当有关。

【救治方法】 加强温度调控，在花芽分化期和花期保持25～30℃的适温，春季低温定植时期，为了保证花芽分化时的温度，应加设多膜覆盖增温或保温，以保证茄株度过花芽分化敏感期。加强肥水管理，及时浇水施肥，但不要施肥过量，浇水过大。有条件的建议使用熊蜂授粉可以避免畸形茄的发生。使用蘸花药剂辅助授粉的菜农，如果出现这种凸起畸形茄，建议再用同一个药剂配比时，增加500毫升水基本可以避免此症发生。

缺 镁 症

【症状】 茄株老叶片叶脉之间叶肉褪绿黄化，形成斑驳花叶，严重发生时会向上部叶片发展，逐渐黄化，直至枯干死亡，如图150。

【发病原因】 由于施氮肥的过量造成土壤呈酸性，影响茄株对镁的吸收，或由于茄株缺钙会影响对镁的吸收，从而影响叶绿素的形成，导致叶肉黄化。低温时，土壤中氮、磷过量及有机肥不足也是造成茄株缺镁症的重要原因。

图150 叶肉斑驳花叶

【救治方法】 增施有机肥，合理配施氮、磷肥，配方施肥非常重要，及时调试土壤酸碱度、改良土壤，避免低温，多施含镁、钾的厩肥。叶片可喷55%益施帮水乳剂800倍液，或好施得液剂800倍液、瑞培绿10克对1喷雾器水、90%高效腐植酸叶面肥颗粒剂10克对1喷雾器水、叶绿宝10毫升（1袋）对1喷雾器水，均可缓解因寒冷造成的缺镁褪绿症。需要注意的是：在溶解固体性叶面肥时，先用少量水化开，让其充分溶解后，在对大量水至喷雾器中，即用二次稀释法。这样喷施的效果会比较理想。

缺 硼 症

【症状】 新叶停止生长，生长点附近的节间显著地缩短，上位叶向外侧卷曲，叶缘部分变褐色，叶缘黄化并向叶缘纵深枯黄呈叶缘宽带症。果实发育不全，生长不均匀，或生长后期缺硼，造成茄果生长缓慢如图151，发育受到抑制使果实畸形，如图152。果皮组织龟裂、硬化，有时茶黄螨为害后的症状与缺硼木栓化症状易混淆，应注意辨别。停止生长的果实典型症状是我们常说的僵茄。

图151　生长缓慢不均匀
　　　　的茄果

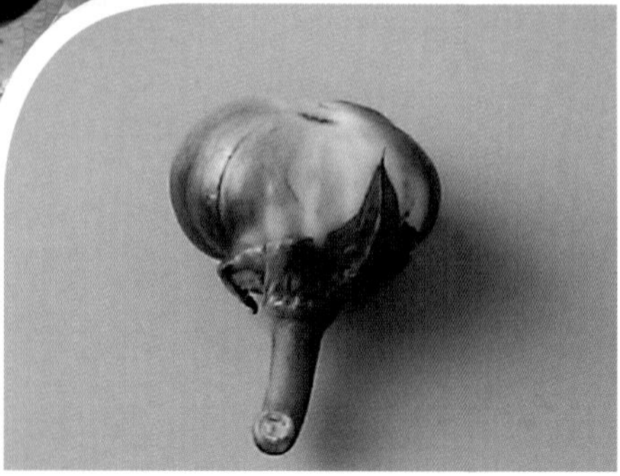

图152　幼茄停止生长
　　　　形成的僵茄

【发病原因】 硼参与碳水化合物在植株体内的分配，多年种植茄子或连茬、重茬，有机肥不足的碱性土壤和沙性土壤，施用过多的石灰降低了硼的有效吸收以及干旱、浇水不当，施用钾肥过多都会造成茄株缺硼症。缺硼时，并不对吸收钙的量产生直接影响，但缺钙症伴有缺硼症发生。

【救治方法】 改良土壤，多施厩肥增加土壤的保水能力，合理灌溉。底肥施足硼肥，如持效硼，每667米^{2}施足硼锌肥2 000～3 000克，叶面花期喷施多聚硼、古米硼钙、瑞培硼或新禾硼。注意硼砂不易溶解，配制时如果溶解不彻底会加重土壤碱性。

三、茄子生理性病害的诊断与救治

怎么给蔬菜防病与合理防治实战丛书

四、茄子药害的诊断与救治

植物生长调节剂药害

【症状】 幼嫩叶片和生长点生长受到抑制，叶片畸形如图153。茄果伸长受到抑制，造成露籽僵果，如图154。叶片增厚肥大呈蕨叶状，如图155。产生大量劣质茄果，如图156。

图153 生长点和嫩叶片生长受到抑制，叶片畸形

图154 露籽僵果

图155 叶片增厚肥大呈蕨叶状

图156 产生大量劣质茄果

【药害原因】 2,4-滴、坐瓜灵、矮壮素是茄子生产中常用的促进雌花分化和防止徒长的生长调节剂类农药，我们还常用比久（丁酰肼）、缩节胺、赤霉素等。在使用的过程中，常常只注重使用浓度，忽略了茄子的不同生长时期和只注重用药后

促进分化、壮秧的效果，忽略了过量用药抑制茄株生长的后果。一些菜农认为，坐瓜灵任何生长时期都可以使用，其实不然，2,4-滴、吡效隆、坐瓜灵的使用是受气温限制的，气温不同，蘸花时使用的浓度应该有所调节，生产经验丰富的菜农春季给茄子、番茄等作物蘸花时，植株每开一穗或一个节位的雌花，随着气温的上升蘸花药剂就应稀释1/3，即比第一次多加1/3的水，这样就可以有效地防止畸形茄果的出现。过量或不严格使用植物生长调节剂可能在育苗阶段控制了徒长，但由于剂量过大会更多地限制秧苗的正常生长，使其提早老化，生长缓慢。

【救治方法】

（1）提倡集约化育苗，标准化管理。苗期病虫害防治，提倡药剂处理育苗基质，不提倡幼苗期喷施农药。加强水肥管理，标准化施肥浇水，力求苗期植株生长势一致。

（2）科学用药，预防为主。

（3）掌握好植物生长调节剂用药时机，精细管理。

71

施药不当药害

【症状】 大剂量用药和劣质喷雾器"跑、冒、滴、漏"，以及淋灌式用药所致茄苗褪绿黄化（图157），烧苗枯斑药害，如图158。因使用方法不当，刺激茄子根系所致秧苗叶片

图157　剂量过大所致褪绿黄化茄苗

图158　剂量过大导致的灼伤枯斑

四、茄子药害的诊断与救治

怎么管蔬菜病虫害防治实战丛书

畸形，如图159。因多药剂混用或高浓度喷施致使茄株叶片变厚、颜色加深或大面积烧灼性枯斑，如图160。有些农药对茄子不安全，即不适用于茄子，用后致叶片皱缩黄化（图161）多数液滴聚向叶缘使叶缘褪绿黄化和枯干；也有多功能叶面肥与农药混用后导致植株畸形、滞长，如图162。夏季高温条件下喷药，由于渗透过快也会造成药害，如图163。越冬栽培，在昼短夜长条件下杀虫剂用量过大，叶片吸收渗透过快也会造成褐色斑枯，如图164。喷过除草剂的喷雾器未清洗干净用来喷施其他药剂，残留的除草剂导致茄子生长畸形。

图160　多药混用所致叶片颜色加深和枯干斑点

图159　施药方法不当造成的秧苗叶片畸形

图162　肥、药混用致茄株畸形

图161　误喷药剂所致叶片皱缩黄化

图163 高温条件下施药
产生的药斑

图164 深冬喷药过量产生的褐色枯斑

【药害原因】 在蔬菜作物中茄子对农药是比较敏感的。因此，喷雾器的质量差，药液滴大小不匀，"跑、冒、滴、漏"；多种药剂无原则混用；超正常浓度用药；高温时喷药以及喷雾器未清洗干净再次使用都是造成药害的直接原因。

【救治方法】 受害秧苗如果没有伤害到生长点，可以加强肥水管理促进其快速生长。小量的秧苗可尝试喷施赤霉素或施用3.4%赤·吲乙·芸可湿性粉剂3 000 ~ 5 000倍液进行慢慢的微调节，可缓解药害症状。生产中应尽量将杀菌剂和除草剂分成两个喷雾器进行操作，以避免交叉使用后的药害发生。

四、茄子药害的诊断与救治

无公害蔬菜病虫害防治实战丛书

五、茄子肥害的诊断与救治

【症状与原因】

（1）高温季节追施化肥（碳酸氢铵肥料），如果不注意棚室通风，就会造成氨气中毒，叶脉间或叶缘出现水渍状斑纹，后斑纹变褐色，干边呈烧叶症状，如图165。一次性施肥过量会造成大面积疑似炭疽病症状的叶片干枯，如图166。在营养土的配制中，将未腐熟的有机肥如鸡粪干掺入营养土中，或施入过量化肥，也会烧灼幼苗，施在土表的未腐熟的有机肥，对移栽幼苗生长有害无利。

图166　氮肥施入过量
造成大面积的
叶片干枯

图165　氨气中毒，叶片干边呈烧叶斑块

（2）农家肥未腐熟，施用后肥料发酵产生有害气体使茄株产生熏蒸肥害，如图167，致使叶片干枯或影响整个植株生长发育，叶脉呈放射状黄化，如图168。人们对叶面肥的认知不是很正确，通常认为多施点没坏处，其实不然。特别是有些厂商在叶面冲施肥中加入对植物生长调节剂类物质，剂量一多就会产生叶面肥害（有时是药害），使叶片僵化、变脆、扭曲畸形，茎秆变粗，抑制茄株生长，造成微肥中毒。

【救治方法】　喷施叶面肥应准确掌握剂量，做到合理施

图167 未腐熟的农家肥施
后发酵，熏蒸移栽
植株的叶片

图168 冲施肥浓度过高，
根系被烧灼，吸收
困难，致使叶脉呈
放射状黄化

肥、配方施肥。夏季或高温季节追施化肥时应尽量做到沟施、覆土，并避开中午高温时间施用。傍晚施肥应及时浇水、通风。有条件的棚室提倡滴灌施肥技术，可有效避免高温烧叶和肥水不均。有机肥应腐熟后施用。

五、茄子肥害的诊断与救治

无公害蔬菜病虫害防治实战丛书

六、茄子虫害与防治

烟 粉 虱

【为害状】 烟粉虱是以成虫（图169）或若虫（图170）群集茄子嫩叶背面刺吸汁液，使叶片褪绿变黄，如图171。由于刺吸造成汁液外溢诱发杂菌形成霉斑，严重时霉层覆盖整个叶面。霉污即是因粉虱刺吸汁液诱发叶片产生霉层，如图172。

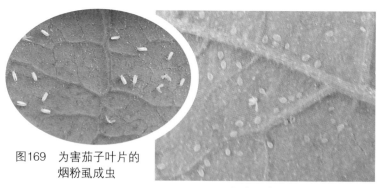

图169 为害茄子叶片的烟粉虱成虫

图170 为害茄子叶片的烟粉虱若虫

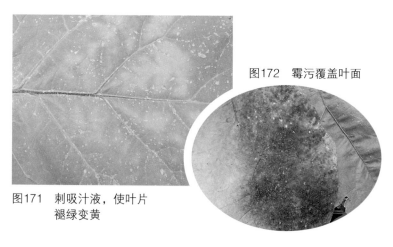

图172 霉污覆盖叶面

图171 刺吸汁液，使叶片褪绿变黄

【为害特点】 烟粉虱一般在温室为害，周年均可发生，没有休眠和滞育期，繁殖速度非常快。1个月完成1个世代。雌成虫一生平均产卵150粒左右，每一个雌虫还可以孤雌生殖10个以上的雄性子代。成虫喜食幼嫩枝叶，有强烈的趋黄色性。随着温度的升高烟粉虱生长繁殖速度加快。18℃时发育历期31.5天，24℃时24.7天，27℃时22.8天。可见温度越高生长繁殖速度越快，为害作物就越严重。到了夏秋季节烟粉虱为害达到高峰。因此，防治烟粉虱应该越早越好。

【防治技术】

生物防治：棚室栽培可以放养赤眼蜂、丽蚜小蜂（图173）防治烟粉虱，如图174。

图174　丽蚜小蜂寄生烟粉虱状（褐色）

图173　放置丽蚜小蜂蜂卡

物理防治：为阻止烟粉虱进入棚室，应设置40*目防虫网。还可吊挂黄板诱杀（图174），每667米²吊挂30块黄板于棚室里，黄板距植株高度以80～100厘米为宜。

药剂防治：

（1）穴灌：建议采用穴灌施药（灌窝、灌根）法，即用强内吸杀虫剂35%噻虫嗪悬浮剂，在移栽前2～3天，以2 000～3 000倍的浓度（1喷雾器水加10克药）喷淋幼苗，使药液除喷到叶片上以外还要渗透到土壤中。平均每平方米苗床

---

* 40目防虫网相当于孔径为0.44mm的防虫网。

用4克药（即2克药对1喷雾器水，喷淋100棵幼苗），农民自己的育苗畦可用喷雾器直接淋灌。持续有效期可达20～30天，有很好的防治粉虱的效果。还可以有效预防蚜虫。

（2）喷雾。可选用24.7%噻虫嗪·高效氯氟氰菊酯微囊悬浮剂1 500倍液，或25%噻虫嗪水分散粒剂1 000～2 000倍液喷施或淋灌，15天1次，或10%噻嗪酮可湿性粉剂800～1 000倍液与2.5%高效氯氟氰菊酯水剂1 500倍液混用、10%吡虫啉可湿性粉剂1 000倍液、1.8%阿维菌素乳油2 000倍液喷雾。

蚜 虫

【为害状】 以成虫或若虫群聚在叶片背面（图175），或在生长点或花器上刺吸汁液为害（图176），造成植株生长缓慢、矮小簇状。

图175　蚜虫若虫在茄子叶片背面为害状

图176　蚜虫聚集于茄子花器上为害状

【为害习性】 蚜虫1年可以繁殖10代以上。以卵在越冬寄主上或以若蚜在温室蔬菜上越冬，周年为害。6℃以上时蚜虫就可以活动为害。繁殖适宜温度是16～20℃，春秋时10天左右完成1个世代，夏季4～5天完成1代。每个雌蚜产若蚜60头以上，繁殖速度非常快。温度高于25℃时高湿条件下不利于蚜虫为害，这就是为什么在高温高湿环境下，蚜虫为害反而减轻的缘故。因此，在北方蚜虫为害期多在6月中下旬和7

月初。蚜虫对银灰色有驱避性，有强烈的趋黄性。蚜虫还是茄病毒病的传毒媒介，预防病毒病也应该从防治蚜虫开始。

【防治技术】

生态防治：及时清除棚室周围的杂草。铺设银灰膜避蚜如图177。设置黄板诱蚜，可就地取简易板材涂黄漆，上涂机油吊至棚中，30～50米²挂1块诱蚜板，如图178。

图177　铺设银灰膜避蚜

图178　简易板材涂抹黄漆、机油诱杀蚜虫

药剂防治：建议早期采用穴灌施药法防治，具体操作方法见烟粉虱防治技术，可有效控制蚜虫数量和为害。后期可选用24.7%噻虫嗪·高效氯氟氰菊酯微囊悬浮剂1 500倍液，或25%噻虫嗪水分散粒剂1 000～2 000倍液喷施或淋灌，15天1次，或10%噻嗪酮可湿性粉剂800～1 000倍液与2.5%高效氯氟氰菊酯水剂1 500倍液混用、10%吡虫啉可湿性粉剂1 000倍液、1.8%阿维菌素乳油2 000倍液、48%乙基多杀霉素乳油2 000倍液喷雾防治。

红 蜘 蛛

【为害状】 红蜘蛛是害螨，就是菜农常说的茄子叶片"火龙"了的祸首。用肉眼能在叶子背面看到小红点刺吸为害叶片，如图179，以成螨或若螨集中在茄果类蔬菜叶片或生长点上刺吸汁液，造成褪绿性黄化。仔细查看，可见红蜘蛛常结成细细丝网。被吸食幼茄膨大后果皮皮囊化（图180），叶片被害正面呈现小斑点，严重时叶片成沙点状（图181），黄红色即"火龙"状。

图180 红蜘蛛刺吸幼果致使果皮皮囊化

图179 肉眼能看到的红蜘蛛（小红点）刺吸为害叶片背面

【为害习性】 红蜘蛛以成螨在蔬菜温室大棚的土壤里和越冬蔬菜的根际越冬。依靠爬行、风力和农事操作以及苗木转移扩展蔓延。红蜘蛛繁衍很快，成螨对湿度要求不严格，这就是

图181 红蜘蛛为害后茄子叶片呈沙点状

干旱、高温条件下为害严重的缘故。红蜘蛛仅靠自身移动活动范围不大，因此具有点片发生的特点。远距离传播多与人为传

带和移栽等有关。因此，清园对于防控红蜘蛛作用非常明显。

【防治技术】

生态防治：上茬蔬菜拉秧后，清除枯枝落叶集中烧毁或深埋，减少螨源。加强肥水管理，重点防止干旱，可减轻螨害。

药剂防治：红蜘蛛生活周期较短，繁殖力强，应尽早防治，控制螨源数量，避免移栽携带传播。可选用10%噻螨酮乳油2 000倍液，或40%克螨特乳油2 000倍液、20%哒螨灵乳油1 500倍液10～14天1次，或20%四螨嗪悬浮剂2 000～2 500倍液喷施30天1次，采收前15～20天停止喷药。

茶 黄 螨

【为害状】　茶黄螨体非常小，以至于人们的肉眼看不到，只能借助显微镜才能观察到螨虫。以成螨或幼螨集中在茄果类蔬菜的幼嫩部位即生长点刺吸汁液，尤其是在茄子的幼芽、花蕾和幼嫩叶片上为害。受害植株叶片增厚、变脆、畸形、窄小、皱缩或扭曲，严重时常被误诊为病毒病。叶片向背面卷曲呈灰褐色，节间缩短。幼茎僵硬直立，如图182。为害严重时生长点枯死呈秃顶状，植株矮小、畸形。受害果畸形、表皮僵硬木栓化，如图183。果实膨大后表皮龟裂。

图182　被茶黄螨为害后，茄叶增厚，幼茎僵硬直立　　图183　被害果畸形，表皮僵硬木栓化

【为害习性】　茶黄螨年发生25代以上。在北方露地不能过冬，只能以成螨在蔬菜温室大棚的土壤里和越冬蔬菜的根际越冬。依靠爬行、风力、人为操作以及苗木转移扩展蔓延。茶黄螨繁殖很快，25℃时完成1代仅需要12.8天，30℃时10天就繁殖1代。成螨对湿度要求不严格，但是高温高湿有利于螨虫的繁衍。茶黄螨仅靠自身移动活动范围不大，因此具有点片发生的特点。远距离传播多与人为传带和移栽等有关。因此，清园对控制茶黄螨的作用非常明显。

【防治技术】　清除田园杂草和茄子拉秧后的枯枝落叶，集中烧毁，减少螨源基数。

茶黄螨生活周期较短，繁殖力强，应注意早期防治，防治用药参考红蜘蛛防治方法。

蓟　马

【为害状】　蓟马主要为害茄子的嫩叶、生长点和花萼如图184，锉吸叶片中的汁液致叶脉周围产生白点，严重为害后叶片白点穿孔如图185，造成叶片早衰，功能减退。被锉吸汁液的茄果果皮木栓化，如图186。

图184　蓟马为害茄花

图185　蓟马为害后的叶片产生白点

【为害习性】 蓟马以成虫和若虫锉吸嫩瓜、嫩梢、嫩叶和花、果的汁液。1年发生8～18代不等。在南方因气候温暖繁衍迅速，四季均可为害，在北方繁衍稍慢，以夏秋季为害严重。多在植株幼嫩部位为害，移动较快可以跳跃移动，有较强的趋光性和趋蓝色性。

图186　蓟马锉吸的茄子果皮木栓化

【防治技术】

物理防治：为阻止蓟马飞入棚室为害，可设置40目防虫网，夏季育苗小拱棚应加盖防虫网。清除田间杂草，利用成虫趋蓝色性，在植株上方80～100厘米处设置蓝板诱杀成虫。

生物防治：释放草蛉、小花蝽等天敌昆虫于棚室内或田间，对蓟马有一定的控制作用。

药剂防治：建议采用穴灌施药（灌窝、灌根）法，即用强内吸杀虫剂35%噻虫嗪悬浮剂3 000倍液，在移栽前2～3天或定植后、开花前后灌根，对幼苗进行喷淋，使药液除叶片以外还要渗透到土壤中。菜农自己的育苗秧畦可用喷雾器直接淋灌。持续有效期可达20～30天，有很好的防治蓟马和其他刺吸式害虫的作用。此方法可以有效预防蓟马的早期为害。茄株生长后期，可选用24.7%噻虫嗪·高效氯氟氰菊酯微囊悬浮剂1 500倍液，或40%乙基多杀霉素悬浮剂2 000倍液，或采用35%噻虫嗪悬浮剂+5%虱螨脲乳油1 500倍液混用喷施或淋灌，15天1次；或10%吡虫啉可湿性粉剂800～1 000倍液与2.5%高效氯氟氰菊酯水剂1 500倍液混用，或1.8%阿维菌素乳油2 000倍液喷雾防治。

潜 叶 蝇

【为害状】 潜叶蝇在茄子一生中均可为害。从茄子子叶到生长各个时期的叶片，潜叶蝇幼虫均可潜入其中，刮食叶肉，在叶片上留下弯弯曲曲的潜道，如图187，严重时布满灰白色线状隧道，严重影响茄子产量，如图188。

图187 潜叶蝇为害留下弯弯曲曲的潜道

图188 布满潜叶蝇灰白色线状隧道的长茄叶片

【防治技术】 设置防虫网可从根本上阻止潜叶蝇进入棚室为害。每30 ～ 50米^{2}设置一块黄板诱杀成虫。

药剂防治：30%噻虫嗪·氯虫苯甲酰胺悬浮剂1 500倍液喷施，或24.5%噻虫嗪·高效氯氟氰菊酯微囊悬浮剂1 000倍液，或1.8%阿维菌素乳油2 000倍液喷施。

蛾类害虫

茄子上发生的蛾类害虫有甜菜夜蛾、甘蓝夜蛾、棉铃虫和茄黄斑螟。

【为害状】 甜菜夜蛾、甘蓝夜蛾是为害茄子的主要鳞翅目害虫。主要以幼虫蛀食茄子花、叶片，如图189，致使叶片呈缺刻状，有时也蛀食嫩茎（图190）和幼蕾，啃食幼茄果皮。导致落花、落蕾，果实皮腐，失去商品价值，如图191。

图189　鳞翅目幼虫啃食茄子叶片

图190　茄黄斑螟幼虫蛀食茎秆

图191　被鳞翅目幼虫啃食成严重缺刻的茄株

【为害习性】　蛾类害虫食性很杂，几乎所有蔬菜均能被害。以幼虫蛀食叶片和幼茄，多在秋季和露地栽培的茄子上发生，露地在6月中下旬夏秋季生长期发生。越夏、露地种植的茄子生长发育期均可能（7月初）遭受幼虫为害。防控这类害虫要抓住卵期和低龄幼虫期，即幼虫尚未蛀入果实前的防控有利时机。

【防治技术】

农业防治：结合田间管理，及时整枝打杈，把嫩叶、嫩枝上的卵及幼虫一起带出田外烧毁或深埋；结合采收，摘除虫果集中处理，可减少田间卵量和幼虫量。

诱杀成虫：使用诱虫灯、杨树枝把、糖醋液诱杀成虫可

六、茄子虫害与防治

无公害蔬菜病虫害防治实战丛书

减少田间虫源。

生物防治：在卵高峰期每667米^{2}用苏云金杆菌（Bt）可湿性粉剂300克对水喷雾。在棉铃虫产卵始、盛、末期释放赤眼蜂。每667米^{2}放蜂1.5万头，每次放蜂间隔期3～5天，连续放3～4次。

滴灌施药：在定植缓苗后选30%噻虫嗪·氯虫苯甲酰胺悬浮剂3 000倍液，逐一于根部施药或滴灌施药，防虫持效期可达60天，基本上对生长期的害虫达到了防控目的，省工、省时、省药、安全。

喷药防治：在虫卵高峰3～4天后，可用40亿个/克苏云杆菌可湿性粉剂800倍液，或14%高效氯氟氰菊酯·氯虫苯甲酰胺悬浮剂1 500倍液、30%噻虫嗪·氯虫苯甲酰胺悬浮剂3 000倍液、40%噻虫嗪·氯虫苯甲酰胺水分散粒剂3 000倍液、5%虱螨脲乳油1 000～1 500倍液、5%灭幼脲乳油1 000倍液、5%多杀霉素乳油1 000倍液、1.0%甲氨基阿维菌素苯甲酸盐乳油1 500～3 000倍液、2.5%高效氯氟氰菊酯水剂1 000倍液、5%氟铃脲乳油1 000倍液、48%多杀霉素乳油2 000倍液、24%虫螨腈悬浮剂3 000倍液喷雾。

七、不同栽培季节茄子一生病害防控整体解决方案（大处方）

1. 棚室春季茄子病害防控大处方（2～6月）

第一步：移栽棚室缓苗后（大约定植10～15天后），用2亿活芽孢/克枯草芽孢杆菌可湿性粉剂500倍液灌根，每株灌50毫升。

第二步：15天后，喷75%百菌清可湿性粉剂500倍液。

第三步：10天后，每667米²用25%嘧菌酯悬浮剂50～60毫升对90～96升水喷雾。

第四步：30天后，喷施50%嘧菌环胺水分散粒剂1 200倍液。

第五步：14天后，每667米²用25%嘧菌酯悬浮剂100毫升+30亿活芽孢/克枯草芽孢杆菌可湿性粉剂1千克对水150升灌根。茄子瞪眼期加强防治灰霉病，喷施一次防治灰霉病的药剂。

第六步：30天后，喷施32.5%吡唑萘菌胺·嘧菌酯悬浮剂1 500倍液。

第七步：15天后，喷施32.5%嘧菌酯·苯醚甲环唑悬浮剂1 000倍液。

以后可以不喷药直到拉秧。

2. 秋季茄子病害绿色防控技术方案（7月初至10月中旬）

主要防控目标： 防控茄子秋季易发生的茎基腐病、叶霉病、黄萎病、疫病、褐纹病、菌核病等病害，以及烟粉虱、蓟马、蚜虫和鳞翅目害虫。

操作步骤：

第一步：定植前1～2天用10克70%噻虫嗪悬浮剂+10毫升25%嘧菌酯悬浮剂对水15升淋育苗穴盘药浸茄苗。

第二步：定植前，每667米^{2}用10亿活芽孢/克枯草芽孢杆菌可湿性粉剂1千克拌药土撒于定植沟中。

第三步：定植时，用68%精甲霜灵·锰锌水分散粒剂500倍液对土壤表面进行药剂封闭处理，即40～60毫升药对60升水，喷施穴坑或垄沟（防控茄子茎基腐病和立枯病）。

第四步：定植15天后，用75%百菌清可湿性粉剂600倍液＋22.4%螺虫乙酯悬浮剂1 500倍液喷1次（预防各种真菌病害和烟粉虱）。

第五步：10天后（门茄开花期），用25%嘧菌酯悬浮剂10毫升（1袋）对1喷雾器水（15升，下同）灌根，每667米^{2}用100毫升药（主防褐纹病、褐斑病、叶霉病）。

第六步：在门茄瞪眼期，用30亿活芽孢/克枯草芽孢杆菌可湿性粉剂800倍液灌根，每株灌100毫升，每667米^{2}用1千克药，主要是防控茄子黄萎病，壮秧保果。

第七步：20～30天后（门茄幼果期），用24%吡唑萘菌胺·嘧菌酯悬浮剂1 500倍液＋14%高效氯氟氰菊酯·氯虫苯甲酰胺悬浮悬浮剂1 500倍液喷雾1次（主防褐斑病和叶霉病，及后期鳞翅目害虫的幼虫）。

第八步：灵活掌握防控可使用40%嘧菌环胺水分散粒剂1 200倍液或50%咯菌腈可湿性粉剂3 000倍液喷施，后期注意防治菌核病。

3. 露地（制种田）茄子一生病害防治大处方（4～7月）

第一步：移栽田间缓苗后，喷施75%百菌清可湿性粉剂2次，每袋药（100克）对3喷雾器水，10天1次。

第二步：喷施75%百菌清可湿性粉剂1次，每袋药（100克）对3喷雾器水，7天1次。

第三步：喷施25%嘧菌酯悬浮剂1次，每袋药（10毫升）对1喷雾器水，15天1次。

第四步：喷施68%精甲霜灵·锰锌水分散粒剂1次，每袋药（100克）对3喷雾器水，7天1次。

第五步：喷施25%嘧菌酯悬浮剂1次，每袋药（10毫升）对1喷雾器水，15天1次。

第六步：喷施25%嘧菌酯悬浮剂1次，每袋药（10毫升）对1喷雾器水，15天1次。

第七步：喷施10%苯醚甲环唑水分散粒剂1次，每袋药（10克）对1喷雾器水，7～10天1次。

第八步：喷施68%精甲霜灵·锰锌水分散粒剂1次，每袋药（100克）对3喷雾器水，7天1次。

第九步：喷施75%百菌清可湿性粉剂1次，每袋药（100克）对3喷雾器水，7天1次，直至收获。

八、生产中容易出现问题的环节处置 方案（小处方）

1. 种子药剂包衣防病处方

用6.25%咯菌腈·精甲霜灵10毫升，对水150～200毫升可包衣3～4千克种子，可有效防治苗期立枯病、炭疽病、猝倒病；或50℃温水浸种20分钟后用75%百菌清可湿性粉剂浸泡30分钟后播种。

2. 苗床药土处方

取没有种过蔬菜的大田土与腐熟的有机肥按6∶4混匀，并按每立方米苗床土加入68%精甲霜灵·锰锌水分散粒剂100克和2.5%咯菌腈悬浮剂100毫升拌土一起过筛混匀。用处理后的土壤装营养钵或铺在育苗畦上，可以预防苗期立枯病、炭疽病和猝倒病，并在种子播种覆土后，用68%精甲霜灵·锰锌水分散粒剂400倍液喷洒苗床表面，进行封闭。有较好的预防苗期病害的作用。

3. 穴盘营养基质消毒处方

穴盘营养基质按体积计算草炭∶蛭石为2∶1，每立方米基质加入氮、磷、钾比例为15∶15∶15的三元复合肥1～1.5千克（如果是冬春季节育苗，每立方米基质或1 000千克基质要加入氮∶磷∶钾为15∶15∶15的复合肥2千克），同时加入100克68%精甲霜灵·锰锌可分散粒剂和100毫升2.5%咯菌腈悬浮剂做杀菌处理。

4. 农家肥的发酵处理

将未腐熟的鸡、鸭、马、牛、猪粪在卸车时掺入腐菌酵素，每2～3米³农家肥+500千克粉碎后的秸秆+腐菌酵素1袋

（2千克）拌匀，用废弃的塑料膜或泥土盖好封严，10～15天即可完全发酵，而后随时使用，不会产生肥害。

5. 新建棚室土壤改良方案

每667米^{2}用6～8米^{3}农家肥加6千克腐菌酵素混合均匀施于棚内，深耕土壤可改良新建棚室土壤通透性及活性。7～10天后可定植作物。

6. 高温闷棚杀菌处理程序

对于连年重茬种植蔬菜的棚室，要想保持作物的生长环境，必须高度保持土壤的有机质含量和土壤的吸附活性，建立可持续种植的植物生长环境。其步骤是：

洁净棚室：在6～7月，上茬作物收获后，清除作物残体，除尽田间杂草，运出棚外集中深埋或烧毁。

铺施闷棚填充物：铺撒作物秸秆及农作物废弃物。将作物秸秆如玉米秸、麦秸、稻秸等利用器械截成3～5厘米的寸段，玉米芯、废菇料等粉碎后，以每667米^{2}1 000～3 000千克用料量均匀地铺撒在棚室内的土壤或栽培基质表面。

铺施有机肥：用量可根据土壤肥力、下茬作物种类及种植模式选择决定。将鸡粪、猪粪、牛粪等腐熟或半腐熟的有机肥每667米^{2}3 000～5 000千克，均匀铺撒在秸秆或麦秸等松软物上，也可与作物秸秆充分混合后铺撒。同时拌入氮、磷、钾有效含量为15∶15∶15的三元复合肥30千克或磷酸二铵15千克（也可用10千克尿素加40千克过磷酸钙）和硫酸钾15千克。

撒施速腐剂：施入速腐剂如腐菌酵素，每3米^{3}混用2千克，深翻25～40厘米，后整地做成利于灌溉的平畦。

灌水：已施入农家肥、秸秆、尿素和速腐剂的棚室，再灌水至土壤充分湿润，相对湿度达到85%左右（地表无明水，用手攥土团不散即可）。

双层覆盖：地面覆盖，可选用地膜或其他塑料薄膜覆盖

危害菜蔬病虫害防治实战丛书

地面。密封各个接缝处。利用棚室覆盖物，封闭棚室并检查棚膜，修补破口漏洞，并保持清洁和良好的透光性。

闷棚时间：密闭后的棚室，保持棚内高温高湿状态25～30天，其中至少有累计15天以上的晴热天气。高温闷棚期间应防止雨水灌入棚室内。闷棚可以持续到下茬作物定植前5～10天。

揭膜晾棚：打开通风口，揭去地膜晾棚。待地表干湿合适后，可整地做畦为下茬作物栽培做准备。

7. 越冬栽培的补光充氮措施

北方冬季昼短夜长，设施蔬菜生长受到制约，尤其是在阴霾天、雨雪连阴天，植株长期生存在弱光阴冷环境下，一旦天气晴好，作物时常发生生理性萎蔫，恢复生长状态缓慢而艰难。生产中常用补充灯光照射和墙体贴反光膜来增加光照，延长白昼时间，效果比较理想。方法是：架设植株生长灯，每5延长米架设一盏，早晚各延长灯光照射2小时，同时在后墙上铺贴反光膜，以增加日光照射。同时架设二氧化碳释放器，增强植株光合作用，促进设施蔬菜健壮生长。

8. 种植后的肥害补救方案

（1）底肥已经施入未腐熟农家肥的补救。设施蔬菜定植前，若已经施入未腐熟农家肥，可追施腐菌酵素，按照每2～3米³未腐熟农家肥掺入2千克腐菌酵素的比例撒施，旋耕后浇小水，3天后即可定植。棚室内无臭味熏棚。

（2）苗期农家肥烧苗的补救。用30亿个活芽孢/克枯草芽孢杆菌500倍液灌根，每667米²用药200克在苗期第一次浇灌时随水冲施。或每667米²大棚使用4千克腐菌酵素，补充土壤中优质微生物，减轻农家肥烧苗现象。

（3）定植后肥害的补救。底施生粪造成烧苗，可用腐菌酵素缓解肥害，每2千克腐菌酵素可随水冲施3分地；或利用腐菌酵素灌根，每2千克腐菌酵素对50千克水，灌1000棵苗；或用2000倍液的地福来海藻菌液浇灌，可缓解秧苗肥害。

9. 幼苗壮秧防病

蔬菜幼苗出齐长出真叶后，可以对其进行健壮防病生物菌药处理。即采用生物激活剂55%益施帮水乳剂500倍液喷施，或用30亿活芽孢/克枯草芽孢杆菌200倍液淋灌幼苗，可起到抗寒保苗促壮作用。提示：不提倡使用化学农药，以避免药害。

10. 育苗期防控病毒病

首先，设施棚室风口加设50目防虫网；其次，棚室内设置黄板诱杀传毒媒介害虫，每667米^{2}设30块；第三，用强内吸杀虫剂35%噻虫嗪悬浮剂2000～3000倍液喷淋幼苗，使药液除叶片以外还要渗透到土壤中。农民自己的育苗畦可用喷雾器直接淋灌。持续有效期可达30天以上，有很好的防治传毒媒介害虫的作用。

11. 秧苗抗寒、解药害、阴霾天气植株生长调理措施

设施蔬菜在弱光、寒冷、药害等极端条件下经常会生长异常。可以使用生物营养液调节，增强植株肥水吸收活力，同时可尝试选用生物活性动力素55%益施帮水剂500倍液，或内源生长调节剂3.4%赤·吲乙·芸可湿性粉剂2000倍液喷施叶片，可收到一定效果。

12. 移栽苗防茎基腐病（黑脚脖病）

定植前用药剂封闭土壤表面，即配制68%精甲霜灵水分散粒剂500倍液，或使用6.25%咯菌腈·精甲霜灵悬浮剂500倍液，对定植田间进行封闭土壤表面喷施，而后进行秧苗定植，这种方法是当前菜农科技示范户在实践中总结出来的最有效的防控茎基腐病（黑脚脖病）的经验。

九、茄子主要生育期病虫害防治历

生育期	易发病虫害	防治对策	栽培模式	绿色防控药剂救治
育苗/定植前	猝倒病、立枯病、炭疽病、根腐病	土壤消毒	越冬栽培、冬早春栽培、春提前栽培、春季栽培	50千克苗床土加20克68%精甲霜灵·锰锌水分散粒剂和10毫升2.5%咯菌腈悬浮剂拌土过筛混匀，可装营养钵或铺育苗畦上
	黄萎病	生物农药淋盘		30亿活芽孢/克枯草芽孢杆菌可湿性粉剂100倍液淋盘
	寒害	保暖、除湿	越冬栽培、冬春定植、越冬栽培、育苗	55%益施帮水剂500倍液喷施或30亿活芽孢/克枯草芽孢杆菌200倍液淋灌，或3.4%赤·吲乙·芸可湿性粉剂7500倍液、90%氨基酸复微肥400倍液喷施
移栽定植	黄萎病	沟施用药	越冬栽培、冬春茬栽培、早春栽培及任何茬口	30亿活芽孢/克枯草芽孢杆菌可湿性粉剂每667米^{2}1千克拌药土撒施于栽培垄沟里
	茎基腐病根腐病	浸盘或淋灌、种植沟穴土壤表面封闭杀菌		68%精甲霜灵·锰锌水分散粒剂600倍液浸盘或淋灌，6.25%精甲霜灵·咯菌腈600倍液土表喷施封闭杀菌
	寒害	多层膜保温。注意降低湿度		3.4%赤·吲乙·芸可湿性粉剂7500倍液或90%氨基酸复微肥400倍液喷施
	线虫病	定植前沟施药剂		10%噻唑磷颗粒剂每667米^{2}1.5千克沟施
	蚜虫、烟粉虱	药液浸盘，土壤表层药剂处理，药剂淋灌	冬早春栽培、春提前栽培、春季栽培	35%噻虫嗪悬浮剂3000倍液浸盘或淋根 设置防虫网，设置黄板诱杀

生育期	易发病虫害	防治对策	栽培模式	绿色防控药剂救治
移栽定植	细菌性叶枯病	预防为主	越冬栽培、早春栽培	47%春雷·王铜可湿性粉剂500倍液、20%噻唑锌悬浮剂400倍液、3%中生菌素可湿性粉剂800倍液喷雾
开花期、初果期	灰霉病	根施嘧菌酯整体防控，蘸花用药	越冬栽培、春季栽培	50%咯菌腈可湿性粉剂3 000倍液，或50%嘧菌环胺水分散粒剂1 200倍液、40%多菌灵·乙霉威可湿性粉剂600倍液混入蘸花药液中或喷施
	菌核病	根施嘧菌酯整体防控		25%嘧菌酯悬浮剂1 500倍液灌根，每667米²用药60～100毫升
	褐斑病	喷施		10%苯醚甲环唑水分散粒剂1 000倍液、32%吡唑萘菌胺·嘧菌酯悬浮剂1 200倍液、75%百菌清可湿性粉剂600倍液喷雾
	细菌性叶枯病	喷施		25%嘧菌酯悬浮剂＋47%春雷·王铜可湿性粉剂（每667米²60克+120克）对60升水喷施，或20%噻唑锌悬浮剂400倍液，或25%吗啉胍可湿性粉剂400倍液、77%氢氧化铜可湿性粉剂1 000倍液、47%春雷·王铜可湿性粉剂400倍液喷雾
	烟粉虱蚜虫蓟马	根施或喷施，清除杂草，设置防虫网	越冬栽培、春季栽培、冷拱棚栽培	25%噻虫嗪水分散粒剂2 000～3 000倍液、10%吡虫啉可湿性粉剂1 000倍液
坐果期、盛果期	灰霉病	保健性防控二次根施用药（参考大处方）灌根	冬春栽培、春季栽培、大拱棚栽培	50%咯菌腈可湿性粉剂3 000倍液，或50%嘧菌环胺水分散粒剂1 200倍液、40%多菌灵·乙霉威可湿性粉剂600倍液喷施

生育期	易发病虫害	防治对策	栽培模式	绿色防控药剂救治
坐果期、盛果期	叶霉病、白粉病	喷施	冬春栽培、春季栽培、大拱棚栽培	25％嘧菌酯悬浮剂1 500倍液+47％春雷·王铜可湿性粉剂400倍液混用，或32％吡唑萘菌胺·嘧菌酯悬浮剂1 200倍液、10％苯醚甲环唑水分散粒剂1 000倍液、32.5％苯醚甲环唑·嘧菌酯悬浮剂1 000倍液喷雾
	疫病	喷淋		68％精甲霜灵·锰锌水分散粒剂500倍液或72.2％霜霉威水剂800倍液喷淋
	蚜虫、烟粉虱	根施或滴灌		30％噻虫嗪·氯虫苯甲酰胺悬浮剂每667米²60毫升根施或滴灌
	线虫病	撒施		10％噻唑磷颗粒剂每667米²1.5千克撒施
收获期	叶霉病	基本不再用药；可以酌情选择喷施用药	春季栽培、大拱棚栽培、冬早春栽培	32％吡唑萘菌胺悬浮剂1 500倍液喷施
	疫病			25％嘧菌酯悬浮剂1 500倍液、68％精甲霜灵·锰锌水分散粒剂600倍液、72％霜脲·锰锌可湿性粉剂700倍液喷雾
	白粉病			32％吡唑萘菌胺悬浮剂1 500倍液、10％苯醚甲环唑水分散粒剂800倍液、42.8％氟吡菌酰胺·肟菌酯悬浮剂1 500倍液喷雾
	细菌性叶斑病			20％噻唑锌悬浮剂400倍液

十、茄子易发生理性病害补救措施一览表

生理病害	原　因	对　策	施用剂量及调节药剂
缺氮素	施肥不足，土质流失过大	增施有机肥，叶面喷施益施帮、叶绿宝	底肥冲施含氮复合肥，喷施益施帮、叶绿宝、叶优优
氮过剩	肥水管理不当	加施磷、钾肥，增加灌水，淋失硝态氮	增施生物有机肥，冲施海藻菌肥
缺磷素	在酸性土壤中镁易被固定，影响磷被吸收	补施磷肥，加施镁肥	磷酸二氢钾0.3%～0.5% 基肥施足磷肥
磷过剩	磷只能被吸收20%～30%，过量磷肥	补施锌、锰、铁及氮钾肥	螯合锌、螯合镁、铁等
缺钾素	黏质和沙性土壤，钾易被固定	补施钙、镁，施磷酸二氢钾	增施高钾卡丁肥、生物钾肥。施磷酸二氢钾、螯合镁
钾中毒	抑制了镁吸收	流水灌溉，施镁肥	康培营养素、绿芬威、螯合镁、海藻菌缓解
缺钙素	酸性土壤，化肥田，盐渍化土壤	调节pH，施石灰粉，叶喷肥，秸秆还田	50%镁钙镁、绿得钙、0.3%氯化钙液、康培营养素、螯合钙
钙中毒	土壤碱性，各种元素都缺	使用酸性肥料，增加灌水次数	硫酸铵、硫酸钾、氯化钾、花果宝
缺镁	酸性土壤，钾过量，阳离子易被固定	改良土壤，叶面喷施补镁	50%镁钙镁叶面肥、1%～2%硫酸镁液、康培营养素、螯合镁、果优优、花果宝
镁中毒	土壤盐渍化，镁被固定	除盐、浇水。下茬种高粱	增施有机肥
缺硼	有机肥少，土壤碱性大，降低硼吸收	增施有机肥，补硼	喷施新禾硼、持力硼、昆卡微量元素套餐包

97

生理病害	原　　因	对　　策	施用剂量及调节药剂
硼中毒	污染，施硼肥过量	灌大水，种耐硼蔬菜，番茄、甘蓝、萝卜	增加土壤通透性，加大秸秆还田
缺铁	碱性、盐性土壤。土过干、过湿及低温	改良土壤，雨后排水，补铁，叶施	益施帮400倍液氨基酸复合微肥400倍液、0.1%～0.2%硫酸亚铁或氯化铁液
铁中毒	人为过量施用或微生物活动$Fe^{+3}\rightarrow Fe^{+2}$	增施钾肥，提高根的活性	康培营养素、绿芬威等
缺锰	酸性、盐类土	补施锰肥，氧化锰、硫酸锰，叶施	益施帮400倍液氨基酸复合微肥400倍液、0.1%～0.3%硫酸锰液或0.1%氯化锰
锰中毒	污染、淹水、酸性土	施石灰质肥料，增施磷肥、高畦栽培	益施帮400倍液氨基酸复合微肥400倍液、0.02%钼酸钠液
缺钼	锰多钼缺，酸性土，铁多土壤偏酸	加石灰质肥料，补钼，叶施	益施帮400倍液氨基酸复合微肥400倍液、0.02%钼酸钠液、康培营养素
钼中毒	含"三废"土壤污染	适当补施硫酸亚铁肥	康培营养素洗田，晾垡
缺锌	高碱性土，磷肥过多	调节pH 6.5、补锌	益施帮400倍液氨基酸复合微肥400倍液、0.3%硫酸锌或康培营养素
锌中毒	环境污染、土壤酸性	增施有机肥，改良土壤、换土	增施农家肥
缺铜	土壤中活性铜被吸附或螯合	叶施0.2%～0.4%硫酸铜液	加施含铜农药，波尔多液等
铜中毒	污染、人为过量施用含铜化合物、土壤碱化	施绿料，增施铁、锰、锌肥	益施帮400倍液氨基酸复合微肥400倍液，增施生物菌肥康培营养素

生理病害	原　　因	对　　策	施用剂量及调节药剂
缺硫	长期施用无硫酸根的肥料	施用硫酸铵、硫酸钾等含硫化肥	益施帮 400 倍液 氨基酸复合微肥 400 倍液、康培营养素 2 号
硫中毒	硫酸性肥料过多、工业区酸雨影响	按盐渍化土壤处理，改良土壤	增施农家肥

十一、常用农药通用名称与商品名称对照表

作用类型	商品名称	通用名称	剂　　型	含量（%）	主要生产厂家
杀菌剂	金雷	精甲霜·灵锰锌	水分散粒剂	68	先正达
杀菌剂	瑞凡	双炔菌酰胺	悬浮剂	25	先正达
杀菌剂	银法利	氟吡菌胺·霜霉威盐酸盐	水剂	68.75	拜耳
杀菌剂	世高	苯醚甲环唑	水分散粒剂	10	先正达
杀菌剂	适乐时	咯菌腈	悬浮剂	2.5	先正达
杀菌剂	新克宁	百菌清	可湿性粉剂	75	先正达
杀菌剂	多菌灵	多菌灵	可湿性粉剂	50	江苏新沂
杀菌剂	甲基托布津	甲基硫菌灵	可湿性粉剂	70	日本曹达、国内企业等
杀菌剂	克抗灵	霜脲·锰锌	可湿性粉剂	72	河北科绿丰
杀菌剂	霜疫清	霜脲·锰锌	可湿性粉剂	72	国内企业
杀菌剂	杀毒矾	噁霜·锰锌	可湿性粉剂	64	先正达
杀菌剂	普力克	霜霉威	水剂	72.2	拜耳
杀菌剂	阿米西达	嘧菌酯	悬浮剂	25	先正达
杀菌剂	好力克	戊唑醇	悬浮剂	43	德国拜耳
杀菌剂	山德生	代森锰锌	可湿性粉剂	80	先正达
杀菌剂	大生	代森锰锌	可湿性粉剂	80	陶氏
杀菌剂	阿米多彩	百菌清·嘧菌酯	悬浮剂	56	先正达
杀菌剂	农利灵	农利灵	干悬浮剂	50	巴斯夫
杀菌剂	多霉清	乙霉威·多菌灵	可湿性粉剂	50	保定化八厂
杀菌剂	利霉康	乙霉威·多菌灵	可湿性粉剂	50	河北科绿丰
杀菌剂	阿米妙收	苯醚甲环唑·嘧菌酯	悬浮剂	32.5	先正达
杀菌剂	加瑞农	春雷·王铜	可湿性粉剂	47	新加坡利农

作用类型	商品名称	通用名称	剂　　型	含量（％）	主要生产厂家
杀菌剂	加收米	春雷霉素	水剂	2	江门植保
杀菌剂	金普隆	精甲霜灵	可湿性粉剂	35	先正达
杀菌剂	细菌灵	链霉素·琥珀铜	片剂	25	齐齐哈尔
杀菌剂	凯泽	啶酰菌胺	可湿性粉剂	50	巴斯夫
杀菌剂	阿克白	烯酰吗啉	可湿性粉剂	50	巴斯夫
杀菌剂	百泰	吡唑醚菌酯·代森联	水分散粒剂	65	巴斯夫
杀菌剂	克露	霜脲锰锌	可湿性粉剂	72	杜邦
杀菌剂	绿妃	吡唑萘菌胺·嘧菌酯	悬浮剂	32.5	先正达
杀菌剂	露娜森	氟吡菌酰胺·肟菌酯	悬浮剂	42.8	拜耳
杀菌剂	健达	氟唑菌酰胺·吡唑醚菌酯	悬浮剂	42.4	巴斯夫
杀菌剂	链霉素	农用硫酸链霉素	可湿性粉剂	1 000万单位	河北科诺
杀菌剂	菱菌净	枯草芽孢杆菌	可湿性粉剂	30亿活芽孢	河北科绿丰
杀菌剂	恶霉灵	敌克松·多菌灵	可湿性粉剂	98	山东企业
杀菌剂	爱苗	苯醚甲环唑·丙环唑	乳油	30	先正达
杀菌剂	可杀得	氢氧化铜	可湿性粉剂	77	美国杜邦
杀菌剂	凯润	吡唑醚菌酯	乳油	25	巴斯夫
杀菌剂	品润	代森锌	干悬浮剂	70	巴斯夫
杀菌剂	福气多	噻唑磷	颗粒剂	10	浙江石原
杀菌剂	施立清	噻唑磷	颗粒剂	10	河北威远
杀菌剂	速克灵	腐霉利	可湿性粉剂	50	日本住友
杀菌剂	病毒A	吗胍·乙酸铜	可湿性粉剂	20	国内企业
植物生长调节剂	九二〇	赤霉素	晶体	75	上海同瑞
植物生长调节剂	益施帮	氨基酸活性剂	水剂	55	先正达

（续）

作用类型	商品名称	通用名称	剂　型	含量（%）	主要生产厂家
植物生长调节剂	碧护	赤·吲乙·芸	可湿性粉剂	3.4	德国马克普兰
杀虫剂	阿克泰	噻虫嗪	水分散粒剂	25	先正达
杀虫剂	锐胜	噻虫嗪	悬浮剂	35或70	先正达
杀虫剂	美除	虱螨脲	乳油	5	先正达
杀虫剂	四螨嗪	联苯菊酯	乳油	70	富美食公司国内企业
杀虫剂	吡虫啉	吡虫啉	可湿性粉剂/乳油	10	威远生化/江苏红太阳等
杀虫剂	虫螨克星	阿维菌素	乳油	1.8	威远生化
杀虫剂	帕力特	虫螨腈	悬浮剂	24	巴斯夫
杀虫剂	功夫	高效氯氟氰菊酯	水剂	2.5	先正达
杀虫剂	度锐	噻虫嗪·氯虫苯甲酰胺	悬浮剂	30	先正达
杀虫剂	福戈	噻虫嗪·氯虫苯甲酰胺	水分散粒剂	40	先正达
杀虫剂	美除	虱螨脲	乳油	5	先正达
杀虫剂	艾绿士	乙基多杀霉素	水分散粒剂	48	陶氏
杀虫剂	可立施	氟啶虫胺腈	水分散粒剂	50	陶氏